北海道野鳥
ハンドブック

鈴木昇一【著】

Handbook
of
the Birds
of
Hokkaido

シベリアへ旅立つマガン

ほおずき書籍

野鳥と共に

　"野鳥と共に"ということは、決して野鳥だけを大切にしようということではありません。その意は、自然とのかかわりを大切にしたいということです。

　文明化の世の中で、"自然が失われました""環境が変化しました"などといろいろ叫ばれています。狭い野鳥の世界でもいろいろなことが起こっています。

　1999年現在、野生のトキは絶滅（一羽が保護されているだけです）とされ、中国から提供されたトキの人工繁殖の姿がテレビで放映されていました。また、環境庁から1991年に初版のレッドデータブックが出され、その中で日本で絶滅のおそれのある鳥などについて述べられていますが、特段の注意を要する状況にあります。

　このような問題事例の解決に努めつつ、"美しい地球を"という言葉とともに、現在、明るい21世紀へと向かいつつあります。

　近年は自然志向が高まり、各地で多くの野鳥観察会が催されています。参加してみますと、「鳥の鳴き声が聞こえるよ」「かわいい鳥だね。何という鳥なの？」などいろいろな声が聞こえてきます。

　名前を覚え、様子を知ることは、やがて保護につながる第一歩になることでしょう。野鳥を見ていろいろなことに感動したり、次々に起こる疑問を大切にして、仮説をたて検証したり、ときには人々との楽しい語らいの中から疑問が解決したときの喜び、満足感などいろいろ体験なされることでしょう。

　長年北日本の多くの野鳥に接し、体験したこと、また多くの人々からの知見をもとに、本書をまとめました。微力ながら読者の皆様にお役に立つことができますれば望外の幸せと存じます。

　最後になりましたが、出版社の方々からは終始、絶大なるご支援、ご助言をいただき厚く御礼を申し上げます。また幸いにも多数の方々から貴重な写真のご提供やご支援をいただきましたことを重ねて厚く御礼申し上げます。

2000年3月
著　者

目　　次

野鳥と共に

本書の特色 …………………………………………… 4
本書の使い方 ………………………………………… 5
鳥の体表各部の名称 ………………………………… 7
主な野鳥の生息地 …………………………………… 8
覚えておきたい用語 ………………………………… 10

陸 の 鳥 …………………………………………… 11

タカ科 ……………………………………………… 12
ハヤブサ科 ………………………………………… 19
ライチョウ科 ……………………………………… 22
キジ科 ……………………………………………… 22
ハト科 ……………………………………………… 23
カッコウ科 ………………………………………… 24
フクロウ科 ………………………………………… 25
ヨタカ科 …………………………………………… 30
アマツバメ科 ……………………………………… 31
カワセミ科 ………………………………………… 32
ブッポウソウ科 …………………………………… 34
ヤツガシラ科 ……………………………………… 34
キツツキ科 ………………………………………… 35
ヒバリ科 …………………………………………… 38
ツバメ科 …………………………………………… 40
セキレイ科 ………………………………………… 41
サンショウクイ科 ………………………………… 45
ヒヨドリ科 ………………………………………… 45
モズ科 ……………………………………………… 46
レンジャク科 ……………………………………… 47
カワガラス科 ……………………………………… 48
ミソサザイ科 ……………………………………… 49
イワヒバリ科 ……………………………………… 49
ツグミ科 …………………………………………… 50
ウグイス科 ………………………………………… 60
ヒタキ科 …………………………………………… 66
エナガ科 …………………………………………… 70
シジュウカラ科 …………………………………… 70

ゴジュウカラ科	73
キバシリ科	74
メジロ科	74
ホオジロ科	75
アトリ科	82
ハタオリドリ科	90
ムクドリ科	91
カラス科	93

水辺の鳥　　97

アビ科	98
カイツブリ科	99
アホウドリ科	101
ミズナギドリ科	103
ウミツバメ科	105
ウ科	105
グンカンドリ科	107
サギ科	108
コウノトリ科	113
トキ科	114
カモ科	115
ツル科	134
クイナ科	137
ミヤコドリ科	138
チドリ科	139
シギ科	143
セイタカシギ科	161
ヒレアシシギ科	162
ツバメチドリ科	163
カモメ科	164
ウミスズメ科	170

野鳥の生息環境	176
野外観察の準備	179
野鳥の有益性	181
野鳥保護関連事項	182

私の観察体験から ― あとがきに代えて ―
和名さくいん

本書の特色

1 北海道に生息する野鳥の写真を、可能な限り収集・掲載しました。

野鳥の種の数は世界では約9000種、日本の本来の野生種は約580種、北海道では約340種余といわれています。全国、北海道とも水鳥や北方系の種が多く見られます。本書には貴重な種も含め、322種掲載しました。

2 大きく「陸の鳥」と「水辺の鳥」に2区分し、それぞれの特徴がわかるような写真選定に努めました。

写真選定に十分留意するとともに、野外での観点（Natural View）を5項目にまとめ、解説の要点（Special Point）をつけました。

3 観察度合いの多少や希少種なども一目でわかるようにしました。

体験上よく見られた種や、ほとんどまれにしか見られない種などを、5段階に区分して、観察や撮影に役立てられるようにしました。

4 自然環境や種の保全に配慮しました。

野鳥の安息場所が人為的に乱されぬよう、撮影場所には詳細は記述してありません。また希少種などは「1998年版レッドデータブック」（環境庁）に基づき記載しました。

5 携帯に便利なコンパクトサイズで、見やすくわかりやすくしました。

野鳥に親しまれる愛好者の方々に、使いやすく、見やすくなるように構成しました。

本書の使い方

本書は図鑑として、また野外でも活用できるように、写真を中心に構成してあります。

1. 生息地別に「陸の鳥」と「水辺の鳥」におおむね区分し、科名ごとにまとめ、種名・科名・学名を記載しました。掲載順は『日本鳥類目録』（1974・日本鳥学会編）に準拠し、構成上一部変更しました。
   科名は1997年改訂「日本産鳥類リスト」（日本鳥学会）に準拠しました。

2. 亜種の記載については、種名の次に（　）をつけて示しました。
   例）アカゲラ（エゾアカゲラ）　フクロウ（エゾフクロウ）

3. わかりやすさを考慮して、次の要点を一覧にまとめました。
   ① 移　動　等……鳥の移動時期や見られる時期などをマークで示しています。
      　留…留　鳥　　夏…夏　鳥　　冬…冬　鳥
      　旅…旅　鳥　　漂…漂　鳥　　迷…迷　鳥
   ② 生息場所……どこで見られるか（撮影したか）を示します。（　）内は撮影月です。

   例）<u>平地～低山の針葉樹林地</u>／<u>宮島沼（４月）</u>
   　　　　主な生息場所　　　　　　撮影地（撮影月）

   ＊撮影が極めて困難であったり不可能であった種の写真は、協力者から提供していただきました。そのため道外撮影の種もあります。
   ③ 全　　　長……全長（くちばしの端から尾の端まで）を約……㎝、または……ｍで示しました。数値はおおよその値です。

   参考　基準寸法

小					中							大	
0　10　20　30　40　50　60　70　80　90　100　110　120　130　140　150cm

   　10　15　20　25　30　　　45　50　　60　　70　　80　　90　　　　115　120　　　140　　150
   　ミ　ス　モ　ム　ハ　　　カ　カ　　ト　　マ　　キ　　ガ　　　　コ　コ　　　　オ　　コ
   　ソ　ズ　ズ　ク　ト　　　ラ　モ　　ビ　　ガ　　ジ　　チ　　　　ウ　ハ　　　　オ　　ブ
   　サ　メ　　　ド　　　　　ス　メ　　　　　ン　　（♂）　ョ　　　　ノ　ク　　　　ハ　　ハ
   　ザ　　　　リ　　　　　　　　　　　　　　　　　　　　ウ　　　　ト　チ　　　　ク　　ク
   　イ　　　　　　　　　　　　　　　　　　　　　　　　　　　　　　リ　ョ　　　　チ　　チ
   　　　　　　　　　　　　　　　　　　　　　　　　　　　　　　　　　　ウ　　　　ョ　　ョ
   　　　　　　　　　　　　　　　　　　　　　　　　　　　　　　　　　　　　　　　ウ　　ウ

   ④ 雌雄の別……写真で雌雄の明らかなものは雌雄の別を示し、雌雄同色のものは「同色」、亜成鳥（若鳥）はただ「亜成鳥」としました。
   ⑤ 見られる頻度……筆者の体験に基づき５段階に設定し、マークで示したものです。

🌸…極めて多く見られる種　　❀…比較的多く見られる種
🌷…中程度に見られる種　　　🌹…あまり見られない種
❦…極めてまれにしか見られない種

　また、「1998年版レッドデータブック」(巻末参照)に基づき、以下のようにマークで⑤と併記しました。国内では主に北海道でしか見られないような種については特産とし、さらに国指定天然記念物なども同様に併記しました。

　　絶危…絶滅のおそれのある種　　　天…国指定天然記念物（種指定）
　　準絶…絶滅する可能性のある種　　特…特別天然記念物（種指定）
　　情不…情報不足の種　　　　　　　特産…北海道特産

4．要点(Special Point)のところでは、その鳥に関連した事項を簡潔に述べました。

5．使いやすさを考慮して、巻頭に鳥の体表各部の名称・主な野鳥の生息地・覚えておきたい用語の解説を、巻末に野外観察の準備など、関連資料を付しました。

6．使用略語・記号
　　　春…4〜5月　夏…6〜8月　秋…9〜11月　冬…12〜3月
　　　（体の）上面……とまった姿勢で目と翼の下端を結んだ線の上側
　　　　　　　下面……上面の反対側
　　　全　　長……L
　　　雄の記号……♂
　　　雌の記号……♀
　　　雌雄同色……同色
　　　針葉樹・広葉樹の混交林……針・広混交林

鳥の体表各部の名称

閉翼（下側）と開翼（上側）を示します。同色は同じ名称です。

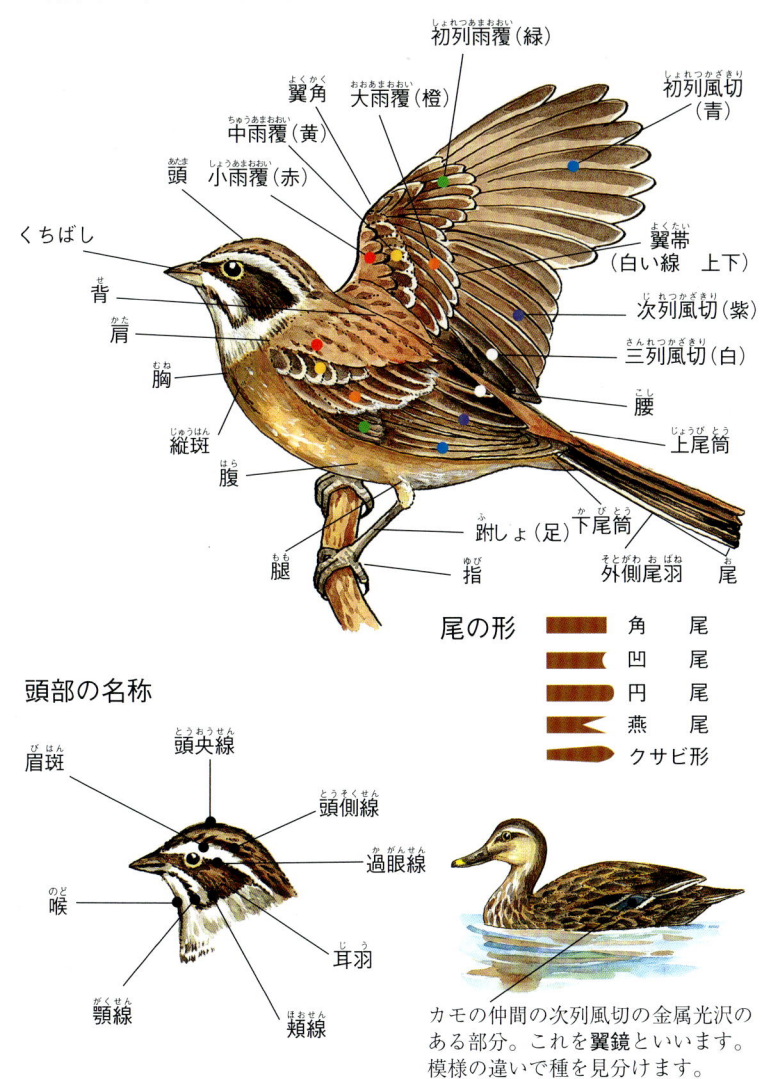

- 初列雨覆（緑）
- 翼角
- 大雨覆（橙）
- 中雨覆（黄）
- 初列風切（青）
- 頭
- 小雨覆（赤）
- くちばし
- 翼帯（白い線　上下）
- 背
- 肩
- 次列風切（紫）
- 胸
- 三列風切（白）
- 縦斑
- 腰
- 腹
- 上尾筒
- 跗しょ（足）
- 下尾筒
- 腿
- 指
- 外側尾羽
- 尾

尾の形

- 角尾
- 凹尾
- 円尾
- 燕尾
- クサビ形

頭部の名称

- 眉斑
- 頭央線
- 頭側線
- 過眼線
- 喉
- 耳羽
- 顎線
- 頰線

カモの仲間の次列風切の金属光沢のある部分。これを**翼鏡**といいます。模様の違いで種を見分けます。

主な野鳥の生息地（概説）

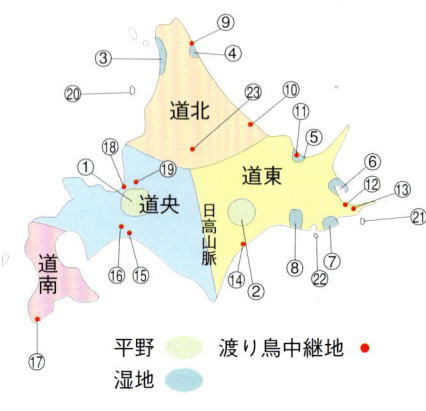

北海道は道央、道南、道東、道北に区分されています。

北海道の沿岸部などの低地には平野・湿地・標高200mくらいの丘陵などが広がり、内陸にいくにしたがって広葉樹の多い標高600mほどの低山や山麓地が続き、さらに1000m級の山々から中央部では2200m級の大雪山が屋根をなし、多くの国立公園や自然公園、ラムサール条約登録湿地などがあって、多様な環境に多種の野鳥が生息しています。

下表の各わく内の種は時季、場所などにより増減があります。

夏の鳥

平野部	①石狩平野　②十勝平野 ヒバリ、カッコウ、ノビタキ、ノゴマ、アオジ、コムクドリ、ムクドリ、カワラヒワ、ホオアカ、コヨシキリ、ハクセキレイ、エゾセンニュウ、オオヨシキリ、モズ、トビ	
湿地	道北	③サロベツ原野　④ベニヤ原生花園 ヒバリ、ノゴマ、オオジュリン、シマアオジ、コヨシキリ、マキノセンニュウ、キマユツメナガセキレイ、オオヨシキリ、オオジシギ
	道東	⑤トウフツ湖周辺　⑥尾岱沼周辺　⑦霧多布湿原　⑧釧路湿原 オオジュリン、マキノセンニュウ、シマセンニュウ、シマアオジ、コヨシキリ、ノゴマ、オオヨシキリ、オオジシギ、タンチョウ
湖沼	湿地には多くの湖沼が点在し、場所により多少異なりますが、一般的にはマガモ、アオサギ、カルガモ、カイツブリ、バン、オオバン、イソシギなどが見られ、⑪トウフツ湖ではオカヨシガモ、③サロベツ原野の兜沼などではアカエリカイツブリ、⑫風蓮湖ではタンチョウなどがさらに見られます。	
山地の河川	カワセミ、ヤマセミ、カワガラス、オシドリ、マガモ、アカショウビン、キセキレイなどが見られます。	

低山や山麓・丘陵地	全道各地の標高600mくらい以下の低山や山麓の広葉樹林 ウグイス、アオジ、ホオジロ、ゴジュウカラ、シジュウカラ、ハシブトガラ、シマエナガ、センダイムシクイ、キビタキ、コルリ、アカハラ、キジバト、オオルリ、ツツドリ、アオバト、クロツグミ、ベニマシコ、ヤブサメ、コノハズク、ヨタカ、イカル、コゲラ、アカゲラ、クマゲラ、ヤマゲラ、カケス、エゾライチョウなどが見られます。 道央・道南ではさらにメジロ、ヤマガラ、アオバズク、アカショウビンなどが見られます。
亜高山	例）㉓大雪山の標高2000mくらいまでの針・広混交林 コマドリ、キクイタダキ、ルリビタキ、キバシリ、ビンズイ、サメビタキ、エゾムシクイなどが見られます。
高山	例）㉓大雪山の標高2000mくらい以上のハイマツ帯 ギンザンマシコ、カヤクグリ、ホシガラスなどが見られます。
島々	⑳天売島ではウミガラス、ウミスズメ、ウトウ、ケイマフリ、ウミネコ、オオセグロカモメ、㉑ユルリ島ではエトピリカ、ケイマフリ、チシマウガラス、㉒大黒島ではコシジロウミツバメなどが見られます。
その他	海岸の断崖地にはハヤブサ、ミサゴ、道東の原生林にはシマフクロウ、道東の針葉樹林にコアカゲラ、平地疎林にチゴハヤブサなどが見られます。

春と秋の鳥

渡り鳥中継地	⑨クッチャロ湖ではコハクチョウ、カモ類、⑩コムケ湖、⑪トウフツ湖、⑫風蓮湖、⑯ウトナイ湖、⑲宮島沼ではガン、カモ、ヒシクイ、オオハクチョウ。⑪トウフツ湖、⑬春国岱の干潟、⑭湧洞湖、⑮鵡川河口、⑯ウトナイ湖、⑱石狩川河口ではシギ、チドリ類が見られます。⑰白神岬は陸の鳥の中継地になっています。

冬の鳥

庭園	餌台…シジュウカラ、ハシブトガラ、ゴジュウカラ、アカゲラ 庭木…ヒヨドリ、ムクドリ、キレンジャク
山麓林	シジュウカラ、ハシブトガラ、シマエナガ、ヒガラ、ゴジュウカラ、マヒワ、キレンジャク、キバシリ、コゲラ、アカゲラ、クマゲラ、イスカ、ウソ、カケス
雪原	道東、道北などでユキホオジロ、ベニヒワ、ハギマシコ、オジロワシ、オオワシなどが見られます。
水辺	不凍結の所ではマガモ、キンクロハジロ、カルガモ、ホオジロガモ、ハシビロガモ、ヒドリガモ、コガモ、カワガラス、ヤマセミなどが見られます。
港湾など	港ではオオセグロカモメが多く、太平洋側でホシハジロ、クロガモ、コオリガモ、ビロードキンクロ、オオハム、日本海側でシノリガモ、スズガモ、ハジロカイツブリ、函館の磯辺ではコクガンなどが見られます。

覚えておきたい用語

[移動に関して]
渡 り　繁殖地と越冬地間を移動すること
旅　鳥　春は北方へ、秋は南方へ通過するだけの鳥
夏　鳥　夏に渡来し繁殖して、秋は南方へ去る鳥
冬　鳥　冬に北方の繁殖地から来て越冬する鳥
漂　鳥　国内だけで夏は高山、冬は平地に移動する鳥
迷　鳥　本来の分布地からかけ離れた所に移動した鳥
留　鳥　移動せず年間定住的に住む鳥

[体に関して]
亜成鳥（若鳥）　親鳥（成鳥）になる前の鳥
夏　羽　繁殖期の羽毛
冬　羽　繁殖期が終わり換羽した羽
エクリプス　繁殖期の後にカモ類の雄に見られる地味な羽毛
縦斑（または縦じま）　頭から尾と同方向に走る斑
横斑（または横じま）　縦斑と直交する斑

[行動に関して]
さえずり　なわばりでの鳴き声
ドラミング　キツツキなどが、なわばりで木を打つこと
托　卵　巣をつくらず他の鳥の巣に卵を産み育てさせること（カッコウなど）
滑　翔　二つの羽ばたきの間の羽ばたかない状態の飛び方（ハヤブサなどに見られる）
帆　翔　上昇気流に乗った羽ばたかない飛び方（トビなどに見られる）
停空飛翔　空中で止まった状態の飛び方（アジサシなどに見られる）
フライング・キャッチ　枝から飛び空中の虫を捕らえて戻ること（ノビタキなどによく見られる）
飛　翔　飛ぶこと

[分類に関して]
和　名　日本国内で統一された個体の呼び名。本書では『日本鳥類目録』（日本鳥学会　1974年）での名称を採用しました。
学　名　国際的に統一された名称。ラテン語を使用し、属名・種小名の順に書きます。例えばカッコウは和名で、Cuculus canorusは学名。
科　名　現行の科名は、例）ワシタカ科→タカ科など一部改訂（日本鳥学会）になり、日本鳥学会誌（1997年）に発表されました。

陸の鳥

秋の羊蹄山（えぞふじ）

トビ タカ科 *Milvus migrans*

Natural View
1. 留
2. 低地〜山麓／道外（5月）
3. ♂59cm ♀69cm
4. 同色
5. 🌸

Special Point 市街地・村落・原野・山麓など、至る所で観察できます。体は全体的に暗褐色で凹尾です。ピーヒョロローと鳴き、悠然と円形を描きながら帆翔します。カエルやネズミ、動物の死がいや野外の生ゴミなども食べ、清掃してくれます。

オジロワシ タカ科 *Haliaeetus albicilla*

Natural View
1. 冬
2. 河口・湖沼・海岸／江別市（3月）
3. ♂80cm ♀95cm
4. 同色
5. 絶危 天

Special Point 冬になると流氷とともにシベリア方面から南下してきて、海岸の崖や海に面した山の老木などに生息します。眼光は鋭く目は金色で、体全体がアメ色（茶褐色）を帯びています。尾は白くくちばしと足は黄色です。ケーッ、ケッケッと鳴き、ホッケや生ゴミ等も食べます。ごく一部は、北海道東部でも営巣しています。

オオワシ タカ科 *Haliaeetus pelagicus*

Natural View
1. 冬
2. 海岸・湖沼／道外（2月）
3. ♂88cm ♀102cm
4. 同色
5. 絶危 天

Special Point 冬季にシベリア東部方面から南下渡来し、海岸・湖沼・河口や内陸部などに生息します。体は全体が黒く肩と尾が白色、目とくちばしと足は黄色で、尾はクサビ形です。グアッ、グアッと鳴き、魚や鳥、動物の死がいなども食べます。

オオタカ タカ科 *Accipiter gentilis*

Natural View
1. 留
2. 原野・山林・山麓／札幌市（6月）
3. ♂50cm ♀56cm
4. 同色
5. 絶危

Special Point 草地と林地が交じった山麓の木などによくとまっています。体の上面は暗青灰色で、下面は白地に細かい黒褐色の横じまがあります。眉斑と過眼線は明瞭で、尾には太い4本の横帯があります。足は黄色です。小鳥などを捕食し、こずえに営巣します。

13

オオタカ（シロオオタカ） タカ科 *Accipiter gentilis albidus*

Natural View
1. 冬
2. 原野・山林／サロベツ原野（11月）
3. 約50cm
4. 同色　写真は亜成鳥
5.

Special Point　オオタカの亜種のひとつで、冬、カムチャッカ方面からごくまれに飛来します。写真はシロオオタカの亜成鳥ですが、成鳥の体は全体的に淡灰白色の地に褐色斑の模様で、体上面にはオオタカに見られる暗青色味はありません。また、亜成鳥の体下面の縦斑は成鳥では横斑になります。

ミサゴ タカ科 *Pandion haliaetus*

Natural View
1. 夏
2. 湖沼・河口・海岸／豊頃町（6月）
3. 約60cm
4. 同色
5. 準絶

Special Point　春になると南方から渡来して、湖沼・河口・海岸などに生息しています。体の上面は黒褐色で頭と下面は白く、過眼線は太く黒くなっています。ホバリング（空中停止）の後、急降下してボラ等を捕食します。チッチッなどと鋭い声で鳴き、近くに浅瀬がある岸壁の樹上などで営巣します。

ツミ タカ科 *Accipiter gularis*

Natural View

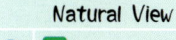

1. 夏
2. 平地〜低山の林地／札幌市（1月）
3. ♂27cm　♀30cm
4. ♂
5. ♥

Special Point 夏季に南方から渡来し、平地や低山の林地（防風林など）に生息しています。雄の体は上面が黒青色で、目と体の下面はピンク色をしています。雌は下面に黒っぽい横斑があります。ピョーピョピョと鳴き、垂直姿勢でとまり、小鳥を捕食し、樹上で営巣します。

ハイタカ タカ科 *Accipiter nisus*

Natural View

1. 留
2. 夏は低山の林地・冬は平地／札幌市（1月）
3. ♂約30cm　♀40cm
4. ♂
5. 準絶 ♥

Special Point 春先に少し開けた山麓の林地などでまれに見ることができます。雄は上面が灰青色で、尾に4本の帯があり、細い白い眉斑があります。また下面に細かい橙色横斑があり、雌は眉斑が明らかで下面には褐色横斑があります。キーキーと鳴き、林内でヒヨドリなどを捕食して、樹上で営巣します。

ケアシノスリ タカ科　　　　　　　　　　　　　　　　　　　　*Buteo lagopus*

Natural View

1. 冬
2. 原野・草地／サロベツ原野（2月）
3. 約55cm
4. 同色
5.

Special Point 冬季にシベリア方面から南下渡来し、原野の枯れ木に上ったりして近辺で狩りをし、早春に北へ去っていきます。体の上面は淡灰褐色で白っぽく、尾端に黒い帯があります。目は黄色で跗しょ（すね）は毛に覆われています。旋回やホバリングをしてネズミなどを捕食します。

ノスリ タカ科　　　　　　　　　　　　　　　　　　　　　　*Buteo buteo*

Natural View

1. 留
2. 原野・低山・田畑／道外（1月）
3. ♂52cm ♀57cm
4. 同色
5.

Special Point 夏は低山、冬は平野部の枯れ木、電柱などにとまっているのがよく見られます。体は全体的に褐色で、喉と胸は黒褐色をしています。ピーエーなどと鳴き、原野で尾を扇状にして旋回やホバリングを行い、カエル・ネズミ等を捕食し、山林の木の枝に営巣します。

クマタカ タカ科　　*Spizaetus nipalensis*

Natural View

1. 留
2. 山岳地〜平地の森林／浦幌町（11月）
3. ♂72cm ♀80cm
4. 同色
5. 絶危 ♥

Special Point 夏は山岳の針・広混交林、冬は低地林などでごくまれに見かけます。体は上面が灰黒褐色で、下面は灰白色をしています。冠羽があり、灰色の尾に数本の黒帯があります。幅広い翼で旋回し、ノウサギなどを捕食します。ハチクマは灰褐色の夏鳥で、かつて札幌市近郊の山林でも繁殖しました。首が長く円尾の鳥で、近年は少なく 準絶（NT）です。

カラフトワシ タカ科　　*Aquila clanga*

Natural View

1. 冬
2. 広い河口の堤防／道外（12月）
   左下・石狩川堤防（5月）
3. 約70cm
4. 同色
5. ♥

Special Point 初冬の頃サハリン方面から南下したものが、原野地の広い川の堤防にある堆肥の上などでごくまれに見られます。体は黒褐色で腰に白斑があります。灰白色のくちばしの先は黒く、尾に帯状斑はありません。ネズミなどを食べます。飛んでいる姿を下から見ますと、幅広い翼と短い尾、初列風切の基部の淡色、腰の白色が目立ちます。

イヌワシ タカ科 *Aquila chrysaetos*

Natural View
1. 夏
2. 広大な山岳地帯
3. ♂81cm ♀90cm
4. 同色
5. 絶危 天

Special Point シベリア中央部や岩手県などで割合によく見られる鳥で、北海道ではごくまれに高山の崖地などで見ることがあります。体は黒褐色で後頭部は薄茶色、尾の先とくちばしの先は黒く、くちばしの基部と足は黄色、目は黄褐色です。ノウサギなどを捕食し、老木などに営巣しますが、個体数は減少しています。

ハイイロチュウヒ タカ科 *Circus cyaneus*

Natural View
1. 冬
2. 広い湿原／稚内市（11月）
3. ♂45cm ♀51cm
4. ♂
5.

Special Point 冬季にシベリア方面から南下してきて、広い湿原のアシ原などの上を低く飛んでいるのがごくまれに見られます。雄は頭・背・尾が灰色で、胸・腹は白く、黒色の初列風切がよく目立ちます。雌は淡褐色に見えます。翼は長く尾を扇形にして飛び、ケッケッと警戒音を出します。ネズミや小鳥などを捕食します。マダラチュウヒとハイイロチュウヒの雄は少し似ていますが、飛んでいるとき、マダラチュウヒの背面に、頭から背、背から翼中央にかけて黒斑が見られます。

チュウヒ タカ科 *Circus aeruginosus*

Natural View
1. 留
2. 広いアシ原・湿原／サロベツ原野（5月）左下・江別市（7月）
3. ♂48cm ♀58cm
4. ♀・左下♂
5. 絶危

Special Point 留鳥ですが、春と秋に沿岸近くの広い湖沼や湿原のアシ原などでよく見かけます。チュウヒは灰褐色の鳥ですが、雄は灰黒色味が強く、雌は褐色味の強い鳥です。また、特に雄の羽色には変異があります。低空を旋回し、羽ばたきと滑空を繰り返し、ときに急降下してネズミやカエルなどを捕食します。

シロハヤブサ ハヤブサ科 *Falco rusticolus*

Natural View
1. 冬
2. 沿岸の原野／岩見沢市（1月）
3. ♂約56cm ♀約61cm
4. 同色
5.

Special Point 冬にシベリア方面から南下してきたものが、雪の沿岸原野部の枯れ木、杭などでごくまれに見られます。淡色型は黒色小斑がまばらにあり、白っぽく見え、暗色型は黒っぽく見えます。キーキーと鳴き、直線的に飛んで、カモなどを捕食します。

ハヤブサ　ハヤブサ科　　　　　　　　　　　　　*Falco peregrinus*

Natural View

1. 留
2. 海岸の断崖／砂原町（2月）
3. ♂約40cm　♀約50cm
4. 同色
5. 絶危

Special Point　海岸部のそそり立つ断崖や電柱などにとまっていて、渡り鳥の群れを襲ったりします。体の背面は青灰色で、頬にハヤブサヒゲと呼ばれる黒斑があり、下面は灰白色で細かい横じま模様があります。ケーケーと鳴き、高空から猛スピードで降下して小鳥を捕らえます。

チゴハヤブサ　ハヤブサ科　　　　　　　　　　　　*Falco subbuteo*

Natural View

1. 夏
2. 平地〜低山の疎林地／札幌市（8月）
3. 約33cm
4. 同色
5.

Special Point　初夏の頃南方から渡来し、疎林のある広い平野地などに生息しています。体は上面が青灰黒色で、下面は白地に胸に黒褐色の縦斑があり、腹部は赤茶色で頬に黒いハヤブサヒゲがあります。キーキーと鋭い声で鳴き、小鳥やトンボなどを捕食します。カラスの巣を奪い営巣することもあります。

コチョウゲンボウ　ハヤブサ科　　　　　*Falco columbarius*

Natural View
1. 冬
2. 山林～原野／石狩平野（3月）
3. ♂29cm　♀33cm
4. ♂
5.

Special Point　冬季にシベリア方面から広い原野や農地などに渡来し、電柱や杭などにとまっているのがごくまれに見られます。雄の体上面は灰青色で尾は黒く、下面には褐色の縦斑があります。雌は全体的に淡黒褐色です。高速で低空を飛び、小鳥などを捕食します。

チョウゲンボウ　ハヤブサ科　　　　　*Falco tinnunculus*

Natural View
1. 夏
2. 平地～低山／東川町（3月）左下・美唄市（5月）
3. ♂33cm　♀38cm
4. ♀・左下♂
5.

Special Point　早春に南方から広い耕地や原野などに渡来し、電柱にとまっていることもあります。雄は頭が灰色で上面は茶褐色、頬に黒斑があり尾端は黒、下面は黄褐色で黒い縦斑があります。雌は頭も茶褐色です。キッキッと鳴き、停空飛翔してネズミなどを捕食し、山地の崖で営巣します。

エゾライチョウ ライチョウ科 *Tetrastes bonasia*

Natural View
1. 留
2. 平地〜山地の森林／
   道東（6月）
   左下・厚田村
   （6月）
3. 約30cm
4. ♂・左下♀
5. 情不 特産

Special Point 山麓の薄暗い針・広混交林に好んで生息しています。雄の体は年中灰色味のある茶褐色で、喉は黒く目の上は赤色です。雌は茶色っぽい色をしています。ピーッピッピッなどと鳴き、種子・昆虫・木の芽や実を食べ、樹上で休みます。

ウズラ キジ科 *Coturnix coturnix*

Natural View
1. 夏
2. 草原／
   石狩市（7月）
3. 約20cm
4. ♂
5. 情不

Special Point 夏季に本州の中部・西部方面から渡来し、草原・荒れ地等に生息しています。丸い体で尾は短いです。体は上面には褐色の地に白い縦斑があり、下面は淡黄褐色で、眉斑は黄白色です。雄の喉は赤茶色ですが、雌は白くて横帯があります。草の種子などを食べ、草むらで営巣します。

キジ（コウライキジ）　キジ科　　*Phasianus colchicus*

Natural View
1. 留
2. 平地〜低山／
   岩見沢市（3月）
   左上・当別町
   （5月）
3. ♂80cm ♀60cm
4. ♂・左上♀
5. 🌸

Special Point　昭和初期に朝鮮から移入した種です。年間を通して農地や牧場周辺の、下草のある雑木林のやぶ地などに生息しています。雄は頭が青く体は茶褐色で首に白い輪があり、尾が長いという特徴があります。雌はくすんだ淡褐色をしています。ケーン、ケーンと鳴き、草の種子・昆虫などを食べ、地上で営巣します。

キジバト　ハト科　　*Streptopelia orientalis*

Natural View
1. 夏
2. 平地〜低山の林地／
   道外（5月）
3. 約33cm
4. 同色
5. 🌸

Special Point　初夏の頃南方から渡来して、平地から低山の林地に生息しています。体の上面は茶色と黒色のうろこ模様、首と下面は灰色がかったブドウ色、頭上部に灰青色と黒のしま状斑があります。デデッポッポーと眠そうな声で鳴き、木の実や作物の芽などを食べ、木の枝で営巣します。

23

アオバト　ハト科　　　　　　　　　　　　　　　　*Sphenurus sieboldii*

Natural View
1. 夏
2. 平地～山地の森林／小樽市（8月）
3. 約33cm
4. ♂
5. 🌸

Special Point　初夏の頃南方から渡来して、広葉樹の高木の茂る奥山の林地に生息しています。体は全体的に黄緑色っぽく、雄の翼には褐色味があり、雌にはありません。深山の高いこずえでファーオー、ファーオーと寂しそうな声で鳴き、桜の実などを食べます。岩場で海水を飲み、木の枝で営巣します。

カッコウ　カッコウ科　　　　　　　　　　　　　　　　*Cuculus canorus*

Natural View
1. 夏
2. 平地～低山の疎林地／道外（5月）
3. 約35cm
4. 同色
5. 🌸

Special Point　5月頃南方から渡来し、明るい平地や低山の疎林地などに生息します。体の上面は灰青色、他は灰色で、胸と腹に細かい横じまがあります。雌には褐色をした赤色型があります。カッコウと鳴き、害虫などを食べ、巣はつくらずオオヨシキリなどに托卵します。ホトトギスは胸の斑が太くまばらですが、やぶの中でキョッキョキョキョキョキョ（特許許可局）と鳴きます。

ツツドリ カッコウ科 *Cuculus saturatus*

Natural View
1. 夏
2. 平地〜山岳の林地／道外（10月）
3. 約33cm
4. ♂
5. ✿

Special Point 初夏の頃南方から林地へ渡来します。体は暗灰色でカッコウに似ていますが、下面の横じま模様はカッコウより少し太く、下腹部には橙色味があります。雌には褐色をした赤色型があります。ポポッ、ポポッと鳴き、昆虫などを食べ、巣はつくらずセンダイムシクイなどに托卵します。ジュウイチの体下面はオレンジ色で横斑はなく、奥山でジューイチーと鳴きます。

シロフクロウ フクロウ科 *Nyctea scandiaca*

Natural View
1. 冬
2. 沿岸地・内陸の原野地／岩見沢市（2月）
3. 約56cm
4. ♂
5. ●

Special Point 北極圏の鳥で、冬季南下してきたものをごくまれに沿岸部雪原などで見ることがあります。雄は全身白色で翼にわずかな小黒斑があり、雌は小黒斑が全身に付いています。目は黄色で、単独で昼も活動します。

25

ワシミミズク　フクロウ科　　　　　　　　　　　　　　　　　　*Bubo bubo*

Natural View
1. 留
2. 岩場のある原生林
3. 約70cm
4. 同色
5. 絶危

Special Point　ユーラシア大陸方面の鳥で、道北の岩場や峡谷などを含む広い原生的な林地に、ごく少数が生息しています。体は淡黄褐色の地に黒褐色の小斑があり、目は橙褐色で羽角があります。日中は樹洞で休み、夜行性でネズミなどを捕食します。日中は活動せず数も少なく、ほとんど人目につくことはありません。

シマフクロウ　フクロウ科　　　　　　　　　　　　　　　　　　*Ketupa blakistoni*

Natural View
1. 留
2. 根室・知床の原生林／大雪山系（10月）
3. 約70cm
4. 同色
5. 絶危　天　特産

Special Point　日本では知床・根室方面の広い原生林の不凍結の河川の渓流域に生息しています。体は灰褐色の地に黒褐色の縦じま模様があり、目は黄色で大きい羽角があります。ボゥオウ、ボゥオウと低くうなるように鳴き、魚などを捕食します。生息数は100羽ぐらいと推定され、人工増殖が行われています。老木の洞に営巣します。

トラフズク　フクロウ科　　　　　　　　　　　　　　　　　　　　*Asio otus*

Natural View

1. 夏
2. 平地〜山地の森林／旭川市（6月）
3. 約38cm
4. 同色
5.

Special Point　4月頃本州方面から林地に渡来しますが、木の茂みの中にいて見つけることは困難です。体は灰褐色で、下面には黒褐色の縦斑が見え、目は橙色で長い羽角があります。日中は茂みで休み、夕方ホーホーホーと鳴いて活動し、ネズミなどを捕食し、樹洞で営巣します。現在は人工増殖に成功しています。

コミミズク　フクロウ科　　　　　　　　　　　　　　　　　　　　*Asio flammeus*

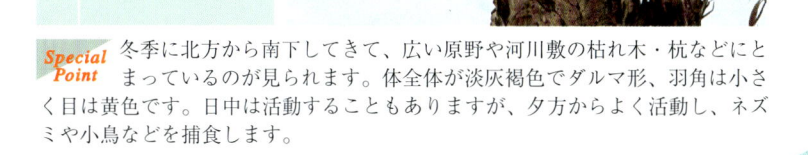

Natural View

1. 冬
2. 原野・河川敷／江別市（11月）
3. 約38〜40cm
4. 同色
5.

Special Point　冬季に北方から南下してきて、広い原野や河川敷の枯れ木・杭などにとまっているのが見られます。体全体が淡灰褐色でダルマ形、羽角は小さく目は黄色です。日中は活動することもありますが、夕方からよく活動し、ネズミや小鳥などを捕食します。

コノハズク　フクロウ科　　　　　　　　　　　　　　　　　　　　*Otus scops*

Natural View
1. 夏
2. 平地〜低山の森林／岩見沢市（9月）
3. 約20cm
4. 同色
5.

Special Point　初夏に南方から渡来し、内陸丘陵地などの深い林地に生息しています。体は灰色とこげ茶色のたてすじ斑状の模様に見え、目は黄色で小さい羽角があります。日中は茂みで休み、夕方からブッパン、ブッパンまたはキョッ、キョッコウと鳴くので判別できます。昆虫などを食べ、老木の樹洞で営巣します。

オオコノハズク　フクロウ科　　　　　　　　　　　　　　　　　　*Otus bakkamoena*

Natural View
1. 夏
2. 平地〜低山の林地／鷹栖町（7月）
3. 約25cm
4. 同色
5.

Special Point　初夏の頃南方から渡来して、老大木のある林地に生息します。体は灰褐色に見えますが、小じま模様があります。羽角は大きく目は橙色です。昼間は茂みで休み、夜間活動しホオッホオッと鳴き、ネズミや小鳥などを捕食します。樹洞で営巣します。

キンメフクロウ フクロウ科 *Aegolius funereus*

Natural View
1. 冬
2. 沿岸原野・山林
3. 約25cm
4. 同色
5. 絶危

Special Point 冬季にシベリア方面から南下飛来したものをごくまれに沿岸部などで見ることがあります。体はダルマ形で黒褐色の地に灰色の斑があり、目は名のとおり金色で羽角はありません。夜行性でネズミなどを捕食します。大雪山で繁殖した記録があります。

アオバズク フクロウ科 *Ninox scutulata*

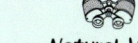

Natural View
1. 夏
2. 平地〜低山の森林／砂川市（7月）
3. 約30cm
4. 同色
5.

Special Point 5月青葉の頃、南方から渡来し、平地や低山の老木が交じる林地に生息しています。体は全体的に黒褐色でダルマ形、胸に太い縦じま、尾には横じまが見えます。目は金色で羽角はありません。日中は茂みで休み、夕方ホーホーと鳴き活動を始め、昆虫などを捕食し、樹洞で営巣します。

フクロウ（エゾフクロウ） フクロウ科　　*Strix uralensis*

Natural View
1. 留
2. 原野〜低山の林地／苫小牧市（1月）
3. 約50cm
4. 同色
5. 🌸

Special Point　留鳥として原野や低山などの老木が交じる林地で見ることができます。体の上面は灰褐色に黒褐色の小斑が交ざり、下面は灰白色の地に黒褐色の縦斑があります。羽角はなく尾は円尾で、日中は休み、夕方からホーホーグロックホーホーと鳴きます。ネズミなどを捕食し、樹洞で営巣します。

ヨタカ ヨタカ科　　*Caprimulgus indicus*

Natural View
1. 夏
2. 平地〜山地の明るい森／天塩町（6月）
3. 約30cm
4. ほとんど同色
5. 🌸

Special Point　初夏の頃南方から渡来して、丘陵地などの明るい山林などに生息します。体は黒褐色と灰色の地味なまだら模様で、目は暗褐色です。日中は休み、夕方からキョッキョッキョッとテンポ速く鳴きます。大きな口をあけて昆虫などを食べ、巣は地面につくります。

ハリオアマツバメ　アマツバメ科　　　*Chaetura caudacuta*

Natural View

1. 夏
2. 平地～山岳の林地／東大雪（8月）
3. 約20cm
4. 同色
5.

アマツバメ科

Special Point　初夏の頃南方から渡来し、平地から山岳の林地上を飛んでいますが、ときには電線にとまったりします。体は黒灰褐色で後頭部は灰色、喉は白っぽい色をしています。尾は短く角尾で、先に細い突起があります。ジュリリと鳴き、飛びながら昆虫を捕食します。高山の断崖の岩などで営巣します。

アマツバメ　アマツバメ科　　　*Apus pacificus*

Natural View

1. 夏
2. 海岸～高山の断崖／室蘭市（9月）
3. 約20cm
4. 同色
5.

Special Point　初夏の頃東南アジア方面から渡来し、海岸から高山の断崖のある所に生息します。体は青味がかった黒褐色で翼は長く、鎌形をしています。喉と腰は白く尾は燕尾です。ジュリリッと鳴き、群れで広い河川の上空などを旋回して昆虫を捕食し、崖で営巣します。

ヤマセミ（エゾヤマセミ）　カワセミ科　　　*Ceryle lugubris*

Natural View
1. 留
2. 山間の渓流域／
   定山渓（3月）
   左下・定山渓
   （3月）
3. 約38cm
4. ♀・左下♂
5.

Special Point　山間の渓流沿いの木の枝を伝わって、鳴きながら移動します。体の上面は白と黒の細かい斑点模様で、下面は白く胸に黒斑があり、雄の肩近くには褐色味があります。よく目立つ冠羽があり、キャラキャラと鳴きます。ダイビングして魚を捕食し、崖に穴を掘って営巣します。

ヤマショウビン　カワセミ科　　　*Halcyon pileata*

Natural View
1. 迷
2. 川辺・干潟／
   道外（7月）
3. 約30cm
4. 同色
5.

Special Point　中国や朝鮮半島などに生息する鳥ですが、過去に道北に渡来したことがあります。体の上面は頭が黒色で背から尾は青色、下面は腹が橙色で、くちばしと足は赤く、とても美しい鳥です。

アカショウビン　カワセミ科　　　　　　　　　　　　*Halcyon coromanda*

Natural View

1. 夏
2. 広葉樹の茂る渓流域／道外（6月）
3. 約25cm
4. 同色
5. ♥

Special Point　初夏の頃東南アジア方面から渡来し、広葉樹に覆われた渓流域などに生息します。体は全身赤褐色で、くちばしは赤く大きく足も赤いので、赤い鳥として深い印象があります。キョロロロ―と鳴き、ザリガニや魚などを食べ、樹洞や土手などに穴を掘って営巣します。

カワセミ　カワセミ科　　　　　　　　　　　　　　*Alcedo atthis*

Natural View

1. 夏
2. 河川・湖沼／鵡川町（8月）
3. 約17cm
4. ♂
5. ✤

Special Point　早春に南方から渡来し、小魚のいる清流や湖沼・池のそばに生息します。体の背面はコバルト色で、下面は赤褐色をしています。くちばしは黒ですが、雌の下くちばしには赤味があります。足は橙色で尾が小さいという特徴があります。チーッと少し響く声で鳴き、水面上を素早く飛び回ります。よどみの上の小枝からダイビングして小魚を捕り、土手に巣穴をつくります。

ブッポウソウ　ブッポウソウ科　　*Eurystomus orientalis*

Natural View

1. 迷
2. 平地〜山地の林／道外（7月）
3. 約30cm
4. 同色
5. 絶危

Special Point　極東の中南部などに分布・生息している鳥で、西日本では割合に見られるようですが、北海道ではごくまれに渡来する珍しい鳥です。頭が黒く体全体が青緑色で、くちばしと足は橙色です。ゲッゲッと鳴き、昆虫などを捕食します。林の樹洞・電柱などで営巣しますが、近年個体数が減少しています。

ヤツガシラ　ヤツガシラ科　　*Upupa epops*

Natural View

1. 旅
2. 草地・畑地・牧草地／道外（3月）
3. 約27cm
4. 同色
5.

Special Point　ユーラシア中南部などに分布している鳥ですが、早春まれに旅鳥として田舎の路傍などで見られます。体は全体として茶色っぽく、上面は黒地に薄茶色のしま模様です。腹は白く長いくちばしと冠羽が印象的です。ポポポと鳴き、残雪のある路傍でミミズや昆虫の幼虫などを食べつつ移動します。

アリスイ　キツツキ科　　　*Jynx torquilla*

Natural View

1. 夏
2. 疎林原野地／当別町（6月）
3. 約18cm
4. 同色
5.

Special Point　初夏の頃南方から渡来し、原野や山麓などの割合明るい林地に生息します。体は灰茶褐色で、背中に黒くて太い縦線があります。尾には横じまがあり、下面に細かい横斑があります。キィーキィなどと鳴き動作は鈍く、名のごとくアリを好み、樹洞に巣をつくります。

ヤマゲラ　キツツキ科　　　*Picus canus*

Natural View

1. 留
2. 平地〜低山の林地／支笏湖畔（5月）
3. 約30cm
4. ♂
5. 特産

Special Point　平地から低山の林地に生息する北海道特産種で、本州のアオゲラと似ています。緑色のキツツキで、雄は上面が黄緑色で腹は白色、前頭は赤色ですが、雌の前頭は赤くありません。キョッなどと鳴き、ツタウルシの種子や昆虫などを食べます。波形に飛び、高木の幹に巣をつくります。

クマゲラ　キツツキ科　　　　　　　　　　　　　*Dryocopus martius*

Natural View
1. 留
2. 山地の広大な自然林／支笏湖畔（5月）左下・札幌市郊外（3月）
3. 約46cm
4. ♂・左下♀
5. 絶危　天

Special Point　山地の広大な自然林の中で、老大木の幹から幹へ波形に飛び回り、広範囲を移動します。体は全身が黒く、雄は額から後頭まで赤く（雌は後頭だけ赤い）、くちばしは黄白色で先が黒っぽくなっています。キョーン、キョーンと鳴き、朽木の昆虫の幼虫やアリなどを捕食します。広葉樹の幹に穴をあけて巣をつくります。

アカゲラ（エゾアカゲラ）　キツツキ科　　　　　　*Dendrocopos major*

Natural View
1. 留
2. 平地〜山地の林地／苫小牧市（1月）
3. 約25cm
4. ♂
5. ❀

Special Point　春先に林の高い老木のこずえなどで、タララララと軽いドラミングの音とともに見られます。体の上面には黒地に白く太い逆ハの字と白い点状の模様が見え、下腹部は赤色です。雄の後頭は赤く、雌は黒色です。弱い声でキョッ、キョッと鳴き、波状に飛びます。幼虫などを食べ、幹に穴をあけて営巣します。

オオアカゲラ（エゾオオアカゲラ） キツツキ科 *Dendrocopos leucotos*

Natural View
1. 留
2. 山地〜平地の林地／石狩平野（2月）
3. 約28cm
4. ♂
5. 🍃

Special Point 春先など老木の交ざる防風林などで、カラカラと少し強いドラミングの音とともに見られます。体の上面は黒地に白の横斑点模様、下面は白地に黒褐色の縦斑があり、腹部や下尾筒は赤色です。雄は前頭から後頭が赤く、雌は黒くなっています。キョッキョッと鳴き、幼虫を捕食し、幹に穴をあけて営巣します。

コアカゲラ キツツキ科 *Dendrocopos minor*

Natural View
1. 留
2. 東部・北部の林地／網走市（6月）
3. 約16cm
4. ♂
5. 特産 🍃

Special Point 局地的に東部と北部の林地で見られる小さいキツツキです。雄の上面は黒地に白色の点状横じま模様で頭頂は赤く、下面は白色です。雌の頭頂は赤くありません。ドラミングは弱く、キョッキョッと低い声で鳴きます。小枝にとまり昆虫などを捕食し、幹に穴をあけて営巣します。

キツツキ科

37

コゲラ（エゾコゲラ）　キツツキ科　*Dendrocopos kizuki*

Natural View
1. 留
2. 山地～平地／札幌市（1月）
3. 約15cm
4.
5. ❁

Special Point　通年山地や平地林にいますが、冬季に山麓や平地林などで多く見られます。体の上面にはこげ茶色の地に白い斑点模様があり、下面は灰白色で胸に褐色縦斑があります。ギィーギィーと鳴き、波形に飛びます。幹を回りつつ登り、昆虫などを捕食して幹で営巣します。ミユビゲラは、指が3本で雄の頭上が黄色です。寒帯林の鳥で東大雪（十勝三股）での発見が知られています。絶危ⅠＡ（ＣＲ）

ヒメコウテンシ　ヒバリ科　*Calandrella cinerea*

Natural View
1. 旅
2. 農耕地・やぶ交じりの草地／石狩市（6月）
3. 約15cm
4. 同色
5. ・

Special Point　アジア内陸部に分布生息する鳥で、ごくまれに乾いた低木交じりの草地で見られます。体は小さく全体が淡褐色で、下面は白色ぎみです。冠羽はなく、胸の帯は細いか、または明らかでないものもあり、太くて長いくちばしの合わせ目（口角）は深く切れ込んで見えます。また三列風切羽が長く、尾は先まで黒褐色です。ジュジュなどと鳴き、地上で餌を捕ります。

ヒバリ　ヒバリ科　　　　　　　　　　　　　　　　*Alauda arvensis*

Natural View
1. 夏
2. 草原・耕地／札幌市（5月）
3. 約17cm
4. 同色
5. 🌸

Special Point　3月末頃原野の雪解けとともに南方から広い野原や耕地などに渡来し、春を告げてくれます。体は全体が茶褐色で、背と胸に黒褐色の縦斑があり、腹は白色で頭には冠羽があります。雌はピーチク、ピーチク、ピーチーなどと鳴き、地上で昆虫や草の種子を食べます。

ハマヒバリ　ヒバリ科　　　　　　　　　　　　　*Eremophila alpestris*

Natural View
1. 迷
2. 海岸・湖畔・河畔／コムケ湖（12月）
3. 約15cm
4. 同色
5. ・

Special Point　アジアの内陸や、北アメリカなどに見られる鳥ですが、ごくまれに迷鳥として、海岸・河畔・湖畔などの草のまばらな砂原に渡来します。体の上面は灰褐色で、下面の腹部は白色です。小さい黒色の冠羽があり、過眼線は黒く、頬に黒斑、胸に黒帯があります。

ショウドウツバメ　ツバメ科　*Riparia riparia*

Natural View
1. 夏
2. 河岸の崖／標津町（6月）
3. 約13cm
4. 同色
5.

Special Point 初夏の頃南方から渡来し、粘土質の断崖になっている河口部などに多数生息しています。体の上面は灰褐色、下面は白色で、胸には茶色のT字形の模様があり、尾は浅く切れ込んでいます。ジュジュと小声で鳴き、群れて飛びます。昆虫を捕食し、崖に穴を掘り集団繁殖をします。

ツバメ　ツバメ科　*Hirundo rustica*

Natural View
1. 夏
2. 道央以南／鵡川町（9月）
3. 約17cm
4. 同色
5.

Special Point 初夏の頃南方から渡来し、道央・道南方面の人家や納屋などで営巣します。体の上面は青黒色で下面は白く、額と喉が栗色で胸には黒帯があります。尾は長くふたまたになっています。ツピッなどと鳴き、空中で昆虫を捕食します。

イワツバメ ツバメ科　　　　　　　　　　　　　　*Delichon urbica*

Natural View
1. 夏
2. 平地〜山間部／浜益村（5月）
3. 約15cm
4. 同色
5. ✿

Special Point　4月頃南方から渡来し、平地や山間部の橋の下や岩壁などに生息します。体の上面は黒色で、背に青味があります。下面は汚白色で、尾は短く先が分かれず、足は指まで羽毛があります。チュビッチュビッ、ジュリリジュリリなどと鳴き、群れて飛び、昆虫を捕食して、岩壁・橋の下などで集団営巣します。

イワミセキレイ セキレイ科　　　　　　　　　　　*Dendronanthus indicus*

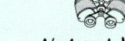

Natural View
1. 迷
2. 平地〜低山の広葉樹林／道外（5月）
3. 約15cm
4. 同色
5. •

Special Point　中国など大陸系の鳥で、北海道では焼尻島へ渡来した記録があります。体の上面は灰褐色に見え、翼には白条と黒い帯が交互に走る紋様があります。下面は白く胸に2条のバンドがあり、下側は中央で切れています。足は淡黄褐色に見えます。地面で昆虫などを食べます。

ツバメ科・セキレイ科

ツメナガセキレイ（キマユツメナガセキレイ） セキレイ科　*Motacilla flava*

Natural View
1. 夏
2. 北部の湿原・原野／浜頓別町（7月）
3. 約17cm
4. 同色
5. 🌸

Special Point 初夏の頃南方から渡来し、北部の湿原地帯に生息します。体の上面は石板色、翼に白条があり、眉斑は黄色です。下面は黄色で尾は長く、くちばしと足は黒色をしています。ジッジッと鳴き、エゾシシウドなどの花に集まる昆虫などを捕食します。

キセキレイ　セキレイ科　*Motacilla cinerea*

Natural View
1. 夏
2. 山間部や平地の水辺／恵庭市（6月）
3. 約20cm
4. ♂
5. 🌸

Special Point 春に南方から渡来し、山間部や平地の河川や池などの水辺に生息します。体の上面は灰青色、下面は黄色で、眉斑は白色です。雄の夏羽の喉は黒く（雌は白）、足は黄褐色です。チチチッ、チチチッなどと鳴き、波状に飛びます。たえず尾を上下に振って歩いています。昆虫を捕食し、石垣などで営巣します。

ハクセキレイ　セキレイ科　　　　　　　　　　　　*Motacilla alba*

Natural View
1. 留
2. 海岸・湖沼・河川／浜益村（6月）
3. 約21cm
4. ♂
5. 🌸

Special Point　海岸・河川・湖沼などの水辺でよく見られます。尾を上下に振って歩き、波形に飛びます。雄の夏羽は上面が黒色で、下面は胸が黒く他は白色、冬羽は頭・胸が黒く上面が灰色になります。白い顔に黒い過眼線があり、雌の背は灰色です。尾側白線（尾の横の白い線）があります。チチュン、チチュンと鳴き、昆虫などを食べ、石垣などに巣をつくります。

セグロセキレイ　セキレイ科　　　　　　　　　　　　*Motacilla grandis*

Natural View
1. 夏
2. 河川域／道外（2月）
3. 約20cm
4. 同色
5. 🌸

Special Point　日本特産種で、道南では冬でも少数見られますが、夏季に奥地の河川域でより多く見ることができます。体の胸から上面と頬が黒く、額・眉斑・喉の小斑・下腹は白色です。尾側白線（尾のわきの白い線）があります。ジジッ、ジジッと鳴き、波形に飛び、尾を上下に振って歩きます。水生昆虫などを食べ、石垣などに巣をつくります。

セキレイ科

ビンズイ　セキレイ科　　　　　　　　　　　　　　　*Anthus hodgsoni*

Natural View
1. 夏
2. 平地〜山岳の疎林／ニセコ町（7月）
3. 約15cm
4. 同色
5.

Special Point　初夏の頃南方から渡来し、山岳地帯の開けた所の高いこずえなどに生息します。体の上面は緑褐色、下面は白色で、上下両面に黒褐色の縦斑があります。眉斑は白っぽく足は黄褐色です。ズイーと地鳴きし、高いこずえでチチロツィツィ、チョベチビィー…などと複雑にさえずります。昆虫・植物の種子などを食べ、地上に巣をつくります。

タヒバリ　セキレイ科　　　　　　　　　　　　　　　*Anthus spinoletta*

Natural View
1. 旅
2. 沿岸近辺の河原や田畑／根室半島（10月）
3. 約15cm
4. 同色
5.

Special Point　秋にシベリア方面から沿岸部の田畑などに渡来し、さらに南下していくのが見られます。冬羽の上面は灰褐色で黒い縦斑があります。下面に淡橙色味のある白地に黒褐色の縦斑があり、眉斑は淡色をしています。ピッピッと鳴き、尾を上下に振って歩きます。地上で草の種子・昆虫などを捕食します。

サンショウクイ サンショウクイ科 *Pericrocotus divaricatus*

Natural View
1. 迷
2. 平地〜山地の林／道外（5月）
3. 約20cm
4. ♂
5. 絶危

Special Point 春に南方から渡来し、主に低山帯の林地などに生息しています。雄は額が白く、頭・くちばし・目先・翼・尾が黒く、背は灰色、下面は白色に見えます。雌の頭は灰色です。ヒリリンなどと鳴き、波形に飛びます。高い木にとまり、昆虫などを食べ、木の枝に巣をつくります。

ヒヨドリ（エゾヒヨドリ） ヒヨドリ科 *Hypsipetes amaurotis*

Natural View
1. 留
2. 平地〜山地の森林／札幌市（4月）
3. 約27cm
4. 同色
5. ❀

Special Point 身近に多く見られる鳥で、公園や山麓の林地に常住しています。頭と胸は淡灰褐色、翼と尾は濃褐色で、下面は灰白色の地に褐色斑があります。茶褐色の耳羽があり、尾は長く、雌雄同色をしています。ピィーヨ、ピィーヨと鳴き、波形に飛び、冬はナナカマドの実などを食べます。

モズ モズ科 *Lanius bucephalus*

Natural View
1. 夏
2. 平地〜低山の原野・雑木林／恵庭市（6月）
3. 約20cm
4. ♂
5. ✿

Special Point 春に南方から渡来し、低木が交じる原野地や田地の雑木林などに生息します。雄は頭が栗色、背は灰褐色で、翼と尾は黒色です。眉斑は白、過眼線は黒で翼に白斑があり、下面は橙褐色です。雌は全体が茶色っぽく、頬は茶色で脇は黄色っぽく、翼に白斑はありません。長い尾を回すように振り、キチキチチキチと鋭い声で鳴き、昆虫などを食べ、枝に巣をつくります。

アカモズ モズ科 *Lanius cristatus*

Natural View
1. 夏
2. 平地〜低山の原野・雑木林／厚田村（7月）
3. 約20cm
4. ♂
5. 準絶 ✿

Special Point 初夏の頃南方から渡来し、低木が交じる原野地や林縁などに生息します。体の上面は赤褐色、下面は白色で、白の眉斑と黒い過眼線があります。脇は橙黄色で尾は長く、ギチギチギチと鳴きます。雌は全体的に淡色です。よく尾を振り、昆虫を食べ、木の枝に巣をつくります。

オオモズ モズ科 *Lanius excubitor*

Natural View
1. 冬
2. 北部・東部の沿岸、原野／コムケ湖（4月）
3. 約25cm
4. 同色
5.

Special Point 冬季にシベリア方面から南下してきて、道東・道北の沿岸の原野・荒れ地などに生息します。雄の頭と背は灰色、翼と尾の上面は黒く、体の下面と腰は白色です。過眼線は黒くて尾は長いです。枯れ枝にとまり、ギチギチと鳴き、停空飛翔をしてネズミなども捕食します。

キレンジャク レンジャク科 *Bombycilla garrulus*

Natural View
1. 冬
2. 平地～山地の林／道外（5月）
3. 約20cm
4. 同色
5.

Special Point 冬鳥ですが早春に南方から多く渡来し、山麓や公園などで群れて北上するのをよく見かけます。体は灰色がかった赤紫色で褐色の冠羽があり、翼の紅白模様と尾端の黄色は美しい色をしています。下腹に茶褐色部があります。チリチリチリと鈴のような声で鳴き、ヤドリギ・ナナカマド・イボタなどの実に群がりつつ北上していきます。

モズ科・レンジャク科

ヒレンジャク　レンジャク科　　　　　　　　　　　　　　　*Bombycilla japonica*

Natural View
1. 冬
2. 平地～山地の林／札幌市（1月）
3. 約18cm
4. 同色
5.

Special Point　冬鳥ですが早春に南方から渡来し、山麓や公園などで木の実に群れているのが見られます。体は全体的に灰色がかった赤紫色で冠羽があり、下尾筒は赤く、翼と尾の先の赤い斑は美しい色をしています。チリチリチリと鈴のような声で鳴き、ヤドリギやナナカマドの実・柳の花穂などを食べつつ北上していきます。

カワガラス　カワガラス科　　　　　　　　　　　　　　　*Cinclus pallasii*

Natural View
1. 留
2. 山間渓流部／恵庭市（10月）
3. 約22cm
4. 同色
5.

Special Point　山間の渓流部で川底から岩石や大きい石が見え隠れしているような所に通年生息しています。体は全身黒褐色で、足は灰白色、尾は短く、ビッビッと鳴きます。岩の上で腰をピクッと下げたり、水面を低く飛びます。よく潜水してカワゲラ・トビゲラ・小魚などを食べ、岩陰に巣をつくります。

ミソサザイ ミソサザイ科   *Troglodytes troglodytes*

Natural View
1. 漂
2. 夏は山地・冬は平地／苫小牧市（3月）
3. 約10cm
4. 同色
5.

Special Point 早春に山間の渓流域の林の枝などでよくさえずっています。警戒心が強く、茂みにすぐに隠れてしまいます。体は全体が茶褐色で小黒斑があり、小さく丸い体に短い尾を立てています。チャッ、チャッと地鳴きし、チャッチャッ、チョチーチーチルルなどとさえずります。水生昆虫などを食べ、木の根元などで営巣します。

ヤマヒバリ イワヒバリ科   *Prunella montanella*

Natural View
1. 迷
2. 低木林地〜林縁／札幌市（2月）
3. 約14cm
4. 同色
5.

Special Point シベリアから中国方面に分布する鳥ですが、ごくまれに迷鳥として開けた林地ややぶ、庭木の近辺などに渡来します。体の上面には褐色の地に黒の縦斑があります。下面は橙黄色で腹は白く、過眼線は黒褐色、眉斑は黄色です。林地の下などで餌を捕ります。

カヤクグリ（エゾカヤクグリ） イワヒバリ科　*Prunella rubida*

Natural View

1. 留
2. 夏は高山帯・冬は低地のやぶ／札幌市（4月）
3. 約15cm
4. 同色
5.

Special Point 日本特産種で、夏に高山のハイマツ帯の上を飛んでいるのがよく見られますが、すぐハイマツの中に潜ってしまうので、姿はなかなか見えません。体の上面は褐色の地に黒い縦斑があり、下面は灰褐色です。さえずりはチリリリと、細い金属音のようです。昆虫などを食べ、ハイマツの枝に巣をつくります。

コマドリ　ツグミ科　*Erithacus akahige*

Natural View

1. 夏
2. 亜高山の沢／道外（5月）
3. 約15cm
4. ♂
5.

Special Point 初夏の頃南方から渡来し、亜高山の渓流域の林下のやぶに生息します。雄の胸から上は橙赤色、背から尾は暗褐色で、胸から下は灰色です。雄の胸に黒い横じまがあり、雌にはありません。さえずりはヒン、カラララと甲高く、昆虫を捕食し、崖の窪みなどに巣をつくります。

ノゴマ ツグミ科 *Erithacus calliope*

Natural View
1. 夏
2. 沿岸原野〜高山帯／石狩市（6月）
3. 約16cm
4. 右♂・左♀
5.

Special Point 初夏の頃東南アジア方面から渡来し、低木が交じる原野や高山帯などに生息します。雄の体上面は緑色味のある褐色で（雌は淡褐色）、喉は赤く（雌は白）、下面は淡オリーブ色です。眉斑と顎線は白色をしています。チーチョロ、チーチョロ、チーチリリーなどとさえずり、やぶで昆虫の幼虫などを食べます。

オガワコマドリ ツグミ科 *Erithacus svecicus*

Natural View
1. 旅
2. 湿地や川岸のやぶ／道外（10月）
3. 約15cm
4. ♂
5.

Special Point 秋、シベリア方面から、まれな旅鳥として南下してきたものが焼尻島で記録されています。雄の夏羽は上面灰褐色、背に縦斑があり、眉斑は白色です。下面は喉に青と赤、胸に黒・白・茶の横帯があり、脇は黄土色で腹は白っぽい色をしています。雌は全体が灰褐色で、喉・胸に雄の模様がなく、胸に黒っぽい斑があります。地面で昆虫などを食べます。

コルリ ツグミ科 *Erithacus cyane*

Natural View

1. 夏
2. 低山の広葉樹林のやぶ／道外（5月）左下・道外（5月）
3. 約14cm
4. ♂・左下♀
5.

Special Point 初夏の頃東南アジア方面から渡来して、低山の渓谷の広葉樹林のやぶなどに生息します。雄は上面がコバルト色で下面は白色をしています。雌の上面は緑褐色で腹面は白色です。よく尾を上下に振ります。チッチッチッ、ヒンカララなどと鳴きます。昆虫などを食べ、ササなどの茂った地上に巣をつくります。

ルリビタキ ツグミ科 *Tarsiger cyanurus*

Natural View

1. 夏
2. 亜高山帯の山林／大雪山（5月）左下・大雪山（5月）
3. 約14cm
4. ♂・左下♀
5.

Special Point 初夏の頃南方から渡来し、亜高山帯の針葉樹の林床の低木などで生息します。雄の体の上面は青く（ルリ色）、下面は白地に脇が橙色、眉斑は白です。雌の体上面は緑褐色で尾は青く、下面は汚れた白、脇は橙色です。ヒッヒックルル、ヒョロヒョロヒョロリなどと鳴き、昆虫などを食べ、崖の窪みに巣をつくります。

ジョウビタキ ツグミ科 *Phoenicurus auroreus*

Natural View

1. 冬
2. 平地～山地の疎林／道外（3月）
3. 約15cm
4. ♂
5. ♦

Special Point 冬季に主に西日本で見られる鳥で、北海道ではごくまれに人家近くの林地などで見られます。雄の体上面は灰黒色、喉は黒、下面は橙色で、頭は灰色、翼に白斑があります。雌は全体的に灰褐色で下面は黄色です。ヒッヒッと鳴き、昆虫などを食べます。クロジョウビタキの雄はジョウビタキの雄と似ていますが、頭から背にかけて黒色です。アジア大陸内部の鳥で迷鳥として来たことがあります。

ノビタキ ツグミ科 *Saxicola torquata*

Natural View

1. 夏
2. 平地の低木交じりの草原／白老町（8月）左下・白老町（6月）
3. 約13cm
4. ♂・左下♀
5. ✿

Special Point 初夏の頃に南方から渡ってきて、広い草原や牧草地などで生息します。雄の夏羽は体の上面は黒く、下面と首が白、翼に白斑があり、胸は桃色、腰は白です。雌は全体的に黄褐色で腰は褐色、雄の冬羽は雌と似ています。低木の枝でジッジッと鳴き、フィーヒョーヒョウィーなどとやさしい声でさえずります。昆虫類を食べ、地上に巣をつくります。

セグロサバクヒタキ ツグミ科　　*Oenanthe pleschanka*

ツグミ科

Natural View
1. 迷
2. 農地・荒れ地／利尻富士町（4月）
3. 約15cm
4. ♂
5. ♥

Special Point ユーラシア大陸内陸部とアフリカ東部方面に分布する鳥で、北海道では極めてまれな迷鳥として、利尻富士町の海岸で記録されています。雄の体は喉・頬・背・翼・尾が黒く、頭・後頭・胸・腹は白色です。雌は褐色味のある色をしています。ハシグロヒタキの雄は頭から背にかけて灰色で黒い過眼線があります。シベリア、アラスカなどで繁殖していますが、迷鳥として渡来したことがあります。

イソヒヨドリ ツグミ科　　*Monticola solitarius*

Natural View
1. 夏
2. 海岸の岩場／苫小牧市（2月）左下・浜益村（7月）
3. 約25cm
4. ♂・左下♀
5. ✿

Special Point 初夏の頃南方から渡来し、海辺の岩場などに生息しています。雄は頭から上面がコバルト色、下面は赤褐色で、雌はくすんだ灰褐色です。ホヒー、チュイチ、チッピーコーなどと細くやさしくさえずります。岩礁の小動物を食べ、岩の割れ目に巣をつくります。

マミジロ　ツグミ科　　　　　　　　　　　　　　　*Turdus sibiricus*

Natural View

① 夏
② 山麓～亜高山の広葉樹林／鷹栖町（5月）
③ 約25cm
④ ♂
⑤ 🐾

Special Point　初夏の頃南方から渡来し、山岳の広葉樹林地などに生息します。雄の体は全身が黒く、下腹に淡い白斑があり、眉斑は白色です。雌はオリーブ褐色をしています。チョボー、チーと低く響く声で鳴き、地上で昆虫やミミズなどを食べます。

トラツグミ　ツグミ科　　　　　　　　　　　　　　　*Zoothera dauma*

Natural View

① 夏
② 平地～低山の密林地／苫小牧市（5月）
③ 約30cm
④ 同色
⑤ 🐾

Special Point　初夏の頃南方から渡来し、平地から低山の密林中に生息します。黄土色がかった体で、上面は黄褐色と黒色のまだら模様、下面は白地に黒と黄のうろこ状斑が見られます。夕方にフィーヒョーヒョーと寂しい口笛のような音色で鳴きます。落ち葉を裏返して昆虫などを捕り、木の枝に巣をつくります。

クロツグミ　ツグミ科　　　　　　　　　　　　　　　　　　*Turdus cardis*

Natural View

1. 夏
2. 平地〜低山の森林／苫小牧市（5月）
3. 約20cm
4. ♂
5. 🌸

Special Point　5月頃東南アジア方面から渡来し、平地から低山の森林に生息します。雄の体は胸と上面が黒色で、胸以下の下面には白地に小黒斑があります。雌は体の上面が茶褐色で、下面には黄褐色味があります。キョロロ、キイコ、キイコ、コキィコ、コキーコなどと鳴き、昆虫などを食べ、枝に巣をつくります。冬季に餌台などに来るノドグロツグミの雄は、似ていますが胸の下部から下は白色です。また、雌の喉・胸には黒斑があります。

アカハラ　ツグミ科　　　　　　　　　　　　　　　　　　*Turdus chrysolaus*

Natural View

1. 夏
2. 平地〜山地の林地／苫小牧市（5月）
3. 約25cm
4. ♂
5. 🌸

Special Point　初夏の頃南方から渡来し、平地や山地の明るい林のササのない地面などに生息します。雄の体の上面は灰褐色、下面は赤褐色で、腹の中央は白色です。雌は喉が白く、全体的に淡色です。キョロン、キョロン、ツィーと力強く鳴き、昆虫などを食べ、木の枝に巣をつくります。

シロハラ ツグミ科 *Turdus pallidus*

Natural View
1. 冬
2. 低地～山麓／道外（2月）
3. 約25cm
4. ♂
5. 🍂

Special Point 秋にシベリア方面から少数渡来し、山麓の茂った林に立ち寄り、さらに南下していきます。体の上面・頭が暗褐色、翼と背は茶褐色で尾は黒色です。下面は胸から脇が淡褐色で腹部は白色です。くちばしの根元に小白斑があります。雌の頭部は褐色で、下面は淡色です。ツィーなどと鳴き、茂みの中で地面の昆虫などを捕食します。

マミチャジナイ ツグミ科 *Turdus obscurus*

Natural View
1. 旅
2. 低地～低山の林地／支笏湖（4月）
3. 約22cm
4. ♂
5. 🍂

Special Point 春にアカハラなどとともに南方から渡来し、低地や低山の下草のない林床で餌を採り北上していきます。体の上面は雄が灰緑褐色、下面は胸と脇が橙色で、下腹と眉斑は白色です。雌は淡色で茶色っぽい色をしています。キョッ、キョッなどと鳴き、ササのない林床の落ち葉の下の昆虫などを捕食します。

ワキアカツグミ ツグミ科 *Turdus iliacus*

Natural View
1. 迷
2. 耕地・疎林地／札幌市（3月）
3. 約21cm
4. 同色
5. ♥

Special Point シベリアや北欧などに分布生息する鳥ですが、北海道でもごくまれに迷鳥として飛来しています。体の上面はオリーブ褐色、下面は白地に黒褐色の縦斑があり、脇は赤褐色で眉斑は白色です。果実・ミミズなどを食べます。

ツグミ ツグミ科 *Turdus naumanni*

Natural View
1. 冬
2. 平地～山林の林・草地／苫小牧市（4月）
3. 約24cm
4. ♂
5. ❀

Special Point 春に南方から飛来し、さらに北上中のものが下草の茂らない林床や草地などの地面に群れているのが見られます。体の上面は灰黒褐色で翼は赤茶色、下面は白地に胸・脇に黒斑があり、眉斑は白です。体色に変異性がみられます。クィクィと鳴き、秋にはコクワ・キハダなどの実、春には地上のミミズ・昆虫などを捕っています。

ツグミ（ハチジョウツグミ） ツグミ科 *Turdus naumanni naumanni*

Natural View
1. 冬
2. 庭園・農耕地など／札幌市（2月）
3. 約24cm
4.
5. ♥

Special Point ツグミの亜種のひとつで、大陸系の鳥ですが、冬季、ごくまれに札幌などで庭の餌台などに飛来しています。体の上面は暗褐色、下面は灰白色の地に胸・脇に赤褐色の斑があります。喉・眉斑は橙色で外側尾羽は赤褐色です。

ノハラツグミ ツグミ科 *Turdus pilaris*

Natural View
1. 迷
2. 原野地・庭園／道外（2月）
3. 約26cm
4. 同色
5. ♥

Special Point ユーラシア大陸の亜寒帯などに広く分布する鳥ですが、冬、迷鳥としてごくまれに道東で庭の餌台に渡来の記録があります。体全体が灰黒褐色に見えますが、上面頭から後頭と腰は灰色味が強く、翼は紫褐色、尾は黒く橙色のくちばしの先は黒色です。下面は白地に胸・脇に黒色縦斑があり、胸に橙色味があります。冬はリンゴなど果実を求めて移動しているようです。

ヤブサメ　ウグイス科　　　　　　　　　　*Cettia squameiceps*

Natural View
1. 夏
2. 低山林床のやぶ／支笏湖（6月）
3. 約10cm
4. 同色
5. ❀

Special Point　初春に東南アジア方面から渡来し、低山の下草の茂る山林のササやぶなどに生息します。体の上面は茶褐色、下面は淡褐色で白っぽく、眉斑は白く尾が短い鳥です。シーシーシーと虫のような鳴き声がササやぶで聞こえますが、姿はほとんど見えません。地上で昆虫を捕食し、地上に巣をつくります。

ウグイス　ウグイス科　　　　　　　　　　*Cettia diphone*

Natural View
1. 夏
2. 山地のやぶ／名寄市（5月）
3. 約15cm
4. 同色
5. ❀

Special Point　初夏の木の芽ぶく頃南方から渡来して、山地の薄暗いやぶなどに生息します。体の上面は暗褐色、下面は灰白色で、眉斑は白っぽく見えます。チャッチャッ、ホーホケキョと神秘的な声がしますが、姿はほとんど見えません。昆虫を食べ、ササ交じりの低木の枝などに巣をつくります。**コウライウグイス**は別のコウライウグイス科の鳥で、体は黄色で大陸系の鳥です。

エゾセンニュウ ウグイス科 *Locustella fasciolata*

Natural View
1. 夏
2. 平地〜山地のやぶ／知床国立公園（6月）
3. 約20cm
4. 同色
5. ❀

Special Point 初夏の頃南方から渡来して、平地から山地の低木層の林に生息します。日本では北海道だけで繁殖します。体の上面は茶褐色、下面は淡茶褐色で、眉斑と喉は白っぽく、くちばしと足は橙色です。やぶの中でトッピン、カケタカと大きい声で鳴き、昆虫を食べ、低木の枝に巣をつくります。

シマセンニュウ ウグイス科 *Locustella ochotensis*

Natural View
1. 夏
2. 東部・北部の沿岸部、草原／浦幌町（7月）
3. 約15cm
4. 同色
5. ❀

Special Point 初夏の頃南方から渡来して、道東・道北沿岸部の草原のやぶなどに生息します。体の上面は緑がかった褐色で下面は灰白色、眉斑は白く尾は扇形で先は白色です。チチチ、チュビ、チュビ、チュビなどと鳴き、原生花園などで昆虫を食べ、ハマナスなどの低木に巣をつくります。

ウグイス科

61

マキノセンニュウ　ウグイス科　*Locustella lanceolata*

Natural View
1. 夏
2. 東部・北部沿岸の草原／常呂町（7月）
3. 約12cm
4. 同色
5.

Special Point　初夏の頃東南アジア方面から渡来し、道東・道北沿岸の草原などに生息します。体の上面は灰茶褐色で、黒い縦斑があり、下面は灰白色の地に胸や脇に黒褐色の縦斑があります。眉斑は細く尾は扇形です。チリリリリと虫のような小さい声で鳴き、昆虫を食べ、草の根などに巣をつくります。

コヨシキリ　ウグイス科　*Acrocephalus bistrigiceps*

Natural View
1. 夏
2. 平地の低木交じりの草原／石狩平野（6月）
3. 約13cm
4. 同色
5.

Special Point　初夏の頃南方から渡来し、平地の低木が交じる草原などに生息します。体の上面は緑褐色、下面は白地に胸・脇などに褐色味があり、白い眉斑とその上側に黒条（頭側線）が走っています。ケケシ、ジョッチリ、カチカチ、ピピピなどと鳴き、昆虫を食べ、低木の枝に巣をつくります。

オオヨシキリ ウグイス科 *Acrocephalus arundinaceus*

Natural View
1. 夏
2. 低湿地のアシ原／石狩平野（6月）
3. 約20cm
4. 同色
5. ✿

Special Point 5月中旬頃東南アジア方面から渡来し、河川・湖沼近辺のアシ原などに生息します。体の上面は灰黄褐色、下面は灰白色、眉斑は淡色で雌雄同色です。ときに冠羽を立てます。ギョッ、ギョッシ、ケケシ、ケケシと大声で鳴き、昆虫類を食べ、アシの茎の間に巣をつくります。

カラフトムシクイ ウグイス科 *Phylloscopus proregullus*

Natural View
1. 旅
2. 林地・針葉樹林／天売島（5月）
3. 約10cm
4. 同色
5. ♦

Special Point 春に南方からシベリア方面へ北上中のものが、明るい林地や、やぶなどを通過するときごくまれに見られます。体の上面は黄緑褐色、下面は淡灰白色で、頭央線と眉斑は黄白色、腰は黄色で翼に2条の翼帯があります。昆虫などを捕食します。

ウグイス科

メボソムシクイ ウグイス科 *Phylloscopus borealis*

Natural View
1. 旅
2. 亜高山の針葉樹林／道外（6月）
3. 約13cm
4. 同色
5. ♥

Special Point 初夏の頃、山麓の渓流部の林地などでさえずりがまれに聞かれます。体の上面は灰色味のある緑褐色、下面は黄灰白色で、白く細長い眉斑があります。ジュリ、ジュリ、ジュリ、ジュと鳴きます。知床には亜種コメボソムシクイがいます。

エゾムシクイ ウグイス科 *Phylloscopus tenellipes*

Natural View
1. 夏
2. 亜高山の針・広混交林／津別町（5月）
3. 約12cm
4. 同色
5. ❀

Special Point 初夏の頃東南アジア方面から渡来し、亜高山の谷の針・広混交林などに生息します。体の上面は灰緑褐色、下面は灰白色で、眉斑は白く、足はピンク色です。ピッピッと地鳴きし、ヒーツーキー、ヒーツーキーと金属音のようにさえずります。奥山の峡谷の崖の窪みなどに巣をつくります。

センダイムシクイ ウグイス科 *Phylloscopus occipitalis*

Natural View
1. 夏
2. 平地〜低山の林地／道外（5月）
3. 約13cm
4. 同色
5. ✿

Special Point 初夏の草木の芽ぶく頃東南アジア方面から渡来し、低山地の広葉樹林地に生息します。体の上面は黄緑褐色、下面は淡灰白色、白い眉斑の上が暗色で、頭央線は淡色です。チョチョビーとよく鳴き、水平姿勢で枝にとまり、よく飛び回り、昆虫などを食べ、低木の茂みの地上に巣をつくります。

キクイタダキ ウグイス科 *Regulus regulus*

Natural View
1. 留
2. 亜高山の針葉樹林帯／道外（10月）
3. 約10cm
4.
5. ✿

Special Point 夏には亜高山帯の針葉樹林の高木のこずえ近辺で気ぜわしく活動し、冬には平地に移動します。体の上面は淡灰緑色、黒い翼に2白条があります。雄の頭央は橙色で両側に黄と黒の線があり、雌の頭には橙色がなく、雌雄とも下面は淡灰緑色です。さえずりはツチツチツチツリリと細い声で鳴き、昆虫などを食べ、枝に巣をつくります。

ムジセッカ　ウグイス科　　　　　　　　　　　　　*Phylloscopus fuscatus*

Natural View
1. 迷
2. 湿地のやぶ／道外（5月）
3. 約11cm
4. 同色
5. ♥

Special Point　サハリンを含む全シベリア方面で繁殖し、冬、南へ移動する鳥ですが、迷鳥として春、函館の標識調査で知られています。湿ったやぶ地などを好みます。体上面は地味な灰褐色で下面は淡い灰褐色です。淡橙色の眉斑と黒い過眼線があります。これに似た**カラフトムジセッカ**（標識調査で知られています）は、全長や翼の長さが少し長く、上面黄緑色味があります。

キビタキ　ヒタキ科　　　　　　　　　　　　　*Ficedula narcissina*

Natural View
1. 夏
2. 平地〜山地の林地／支笏湖（5月）
3. 約14cm
4. ♂
5. ❀

Special Point　初夏の頃東南アジア方面から渡来し、林地や山地の針・広混交林などに生息します。雄の体は上面が黒く、翼に白斑があり、下面は白地に喉が橙色、胸・眉斑は淡橙色です。雌はオリーブ褐色で下面は汚白色です。ピービーヨ、ピーピーヒック、ピッチウリなどと鳴き、アオムシなどを食べ、枝に巣をつくります。似ていて眉斑が白い**マミジロキビタキ**の雄は、ごくまれに見られている鳥です。

ムギマキ ヒタキ科 *Ficedula mugimaki*

Natural View
1. 旅
2. 平地〜低山の林地／札幌市（5月）
3. 約13cm
4. ♂
5. ♥

Special Point 春と秋に旅鳥として海岸や山裾の林地などでごくまれに見られます。雄の体上面は黒色で、白く小さい眉斑、翼に白斑があります。下面は喉と胸は橙色で腹は白色です。雌は上面は緑褐色、下面は淡色です。

オジロビタキ ヒタキ科 *Ficedula parva*

Natural View
1. 迷
2. 平地〜低山の林地／天売島（5月）
3. 約11cm
4. ♀
5. ♥

Special Point ユーラシア大陸系の鳥で、林地に生息しますが、ごくまれに迷鳥として天売島に渡来し、海岸の崖の細枝などにとまっていました。雌雄ともほぼ体の上面は灰褐色で下面は灰白色、雄の喉は赤く雌は白色です。黒い尾の根元の外側は白色です。昆虫などを食べます。

オオルリ ヒタキ科　　*Cyanoptila cyanomelana*

Natural View
1. 夏
2. 低山の渓流沿いの林地／苫小牧市（5月）
3. 約17cm
4. ♂
5. 🌸

Special Point 　5月頃東南アジア方面から渡来し、低山の渓流沿いの広葉樹林地などに生息します。雄の体上面は濃青色で下面胸は黒く、腹は白色です。雌は全体的に茶褐色で、下面は白っぽく見えます。ピーリーリーピィヒーピッ、ピールル、ジジなどと鳴き、昆虫などを食べ、樹洞などに巣をつくります。

サメビタキ ヒタキ科　　*Muscicapa sibirica*

Natural View
1. 夏
2. 亜高山の針・広混交林／大雪山（6月）
3. 約14cm
4. 同色
5. 🌸

Special Point 　初夏の頃南方から渡来し、亜高山帯の針・広混交林などに生息します。体上面は灰褐色、下面は灰白色で、目にアイリングがあり、胸に幅広い淡灰褐色の縦斑があります。ツイーと地鳴きし、よく昆虫をフライング・キャッチします。樹洞に巣をつくります。

エゾビタキ ヒタキ科 *Muscicapa griseisticta*

Natural View
1. 旅
2. 平地〜低山の林地／道外（10月）
3. 約15cm
4. 同色
5.

Special Point 春は5月頃、秋は10月頃旅鳥として渡来し、平地や低山の林地を通過します。体は全体が黒褐色で、胸・腹部は灰色の地に細い灰褐色の縦斑が目立ちます。昆虫類や木の実なども食べます。ツィーと地鳴きします。

コサメビタキ ヒタキ科 *Muscicapa latirostris*

Natural View
1. 夏
2. 低山の広葉樹林／石狩市（5月）
3. 約13cm
4. 同色
5.

Special Point 初夏の頃東南アジア方面から渡来し、低地や低山の広葉樹林地に生息します。体の上面は灰褐色、下面は白っぽく斑紋はありません。雌雄同色で、目先は白くくちばしは偏平です。ツィーと地鳴きし、低山地で昆虫や幼虫を食べ、樹洞に巣をつくります。

エナガ（シマエナガ）　エナガ科　　　　*Aegithalos caudatus*

Natural View

1. 留
2. 山地の森林／苫小牧市（2月）
3. 約14cm
4. 同色
5.

Special Point 夏は山奥地、冬は山麓の林地で見られ、冬にはカラマツなどによく群がっています。頭から腹部まで白い毛に包まれていて、背は黒と茶色、翼と尾は黒、長い尾に、小さなくちばしをしています。ツーツー、ジュルリ、ジュルリと鳴き、枝の害虫の卵などを食べ、木の枝に巣をつくります。

ルリガラ　シジュウカラ科　　　　*Parus cyanus*

Natural View

1. 迷
2. 水辺の低木地や湿地のやぶ／利尻富士町（4月）左下・参考のため掲載
3. 約13cm
4. 同色
5.

Special Point ウスリーから内陸中央方面に分布する鳥で、日本では利尻島で初めて渡来が確認されました。体の上面は頭と顔が白色、背は灰青色で、翼と尾は黒く、翼には白条斑があります。下面は全部白色で、過眼線もあります。川辺のやぶや林などに生息します。

ハシブトガラ シジュウカラ科 *Parus palustris*

Natural View
1. 留
2. 低地〜低山の広葉樹林／苫小牧市（3月）
3. 約13cm
4. 同色
5. 特産

Special Point 冬季に低地の広葉樹の林地や餌台など身近によく見られます。体は頭が黒くつやがあり、上面は淡灰褐色、下面喉は黒、他は白色です。くちばしは太く幅広で、尾は角尾です。地鳴きはツツジェージェー、さえずりはピーピーピーと力強く鳴きます。昆虫・種子などを食べ、樹洞に巣をつくります。

コガラ シジュウカラ科 *Parus montanus*

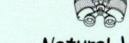

Natural View
1. 留
2. 亜高山の針葉樹林／大雪山（6月）
3. 約13cm
4. 同色
5.

Special Point 夏は亜高山の針葉樹林地、冬は低地でもよく見られます。体は頭が黒くつやはなく、上面は淡灰褐色で閉翼時次列風切の外縁が白っぽく見えます。下面は白色で、くちばしは細く尾は円尾です。地鳴きはツーツーツー、さえずりはツピーツピーツピーなどと鳴きます。昆虫などを食べ、樹洞に巣をつくります。

ヒガラ　シジュウカラ科　　*Parus ater*

Natural View
1. 留
2. 平地～山地の針葉樹林／道外（4月）
3. 約10cm
4. 同色
5.

Special Point　夏には山地の針葉樹林地など、冬には餌台などでよく見られます。頭と喉は黒く背は青灰色、翼に2白条があり、頬と後頭は白く冠羽があります。下面は灰白色です。地鳴きはチー、さえずりはチチピン、チチピンと速く鳴きます。昆虫・松の種子などを食べ、樹洞に巣をつくります。

ヤマガラ　シジュウカラ科　　*Parus varius*

Natural View
1. 留
2. 平地～低山の広葉樹林／定山渓（10月）
3. 約15cm
4. 同色
5.

Special Point　平地から低山の広葉樹林地や公園、餌台など身近によく見られます。体は頭と喉が黒く背は赤褐色、翼と尾は灰青色で、頬は白色です。下面は赤茶色で全体的に赤っぽく見えます。地鳴きはビービー、さえずりはゆっくりとツツビーツツビーと鳴きます。昆虫・イチイの実などを食べ、樹洞などに巣をつくります。

シジュウカラ　シジュウカラ科　　　　　　　　　　*Parus major*

Natural View
1. 留
2. 平地〜低山の広葉樹林／石狩平野（3月）
3. 約15cm
4. ♂
5. 🌸

Special Point 平地から低山の広葉樹林地や餌台など身近に多く見られます。体は黒い頭に白い頬、背面は黄緑色と灰青色からなり、翼に白条があります。下面は白く、中央に太い（雌は細い）黒条があります。チーチーとかジュクジュクなどと地鳴きし、ツッピーツッピーツッピーとさえずります。害虫・ヒマワリの種などを食べ、樹洞に巣をつくります。

ゴジュウカラ（シロハラゴジュウカラ）　ゴジュウカラ科　　*Sitta europaea*

Natural View
1. 留
2. 平地〜低山の密林地／石狩平野（3月）
3. 約14cm
4. 同色
5. 🌸

Special Point 平地から低山の広葉樹の多い所や餌台などで身近に見られます。体の上面は灰青色で下面は白く、腹部は淡橙色味を帯び、眉斑は白色、過眼線は黒色で、短尾です。フィーフィーフィーと高い声で鳴き、逆さの姿勢で幹を旋回し、昆虫などを食べ、樹洞に巣をつくります。

73

キバシリ　キバシリ科　　　　　　　　　　　　　　　　*Certhia familiaris*

Natural View
1. 留
2. 低山〜亜高山の林地／網走市（8月）
3. 約14cm
4. 同色
5.

Special Point 冬は平地、夏は亜高山の針・広混交林などに見られます。幹と同色で見落としやすい小さな鳥です。体の上面は黄褐色の地に白い小斑があり、下面は白色です。くちばしは細く下に湾曲しています。ツリーと地鳴きし、幹を下から旋回して登り、昆虫などを食べ、樹洞に巣をつくります。

メジロ　メジロ科　　　　　　　　　　　　　　　　*Zosterops japonica*

Natural View
1. 夏
2. 平地〜低山の広葉樹林／支笏湖（5月）
3. 約12cm
4. 同色
5.

Special Point 5月頃南方から渡来し、平地から低山の広葉樹林に生息します。体の上面は黄緑色、下面は白っぽく、脇には淡褐色味があり、目には白いアイリングがあります。チーと地鳴きし、チーチュル、キュルル、チリリなどとさえずります。桜の花蜜やエゾニワトコの実などを食べ、枝に巣をつくります。

キアオジ ホオジロ科 *Emberiza citrinella*

Natural View
1. 迷
2. 低地の農耕地・やぶ／浜益村（5月）
3. 約16cm
4. ♂
5. ♥

Special Point ユーラシア大陸中央以西方面に分布する鳥で、迷鳥として珍しく渡来しました。雄の夏羽は全体的に黄金色に見えますが、黒い過眼線や頬線があり、背・胸・脇に褐色の縦斑があります。また腰・上尾筒は赤褐色です。鮮明な黄色味に乏しく、わずかに灰色味があります。昆虫・草の種子などを食べます。

シラガホオジロ ホオジロ科 *Emberiza leucocephala*

Natural View
1. 旅
2. 平地・耕地や近辺の低木／道外（1月）
3. 約17cm
4. ♂ 冬羽
5. ♥

Special Point 冬、シベリア内陸などから南下してきて、田園地のまばらな低木などにとまっているのが、ごくまれに見られます。雄の夏羽は全体的に茶褐色で背に黒い縦斑があり、頭央と頬には黒縁のある白斑が目立ちます。胸・襟にも白斑があり下腹も白色です。冬羽では淡色になりますが、頬の白斑は残ります。雌は雄の冬羽に似ていますが、頬に白斑はなく淡褐色です。尾は長く凹尾です。昆虫や、草の種子を食べます。

ホオジロ　ホオジロ科　*Emberiza cioides*

Natural View
1. 夏
2. 原野・やぶ・林／石狩平野（5月）
3. 約17cm
4. ♂
5. 🌸

Special Point　新緑の頃南方から渡来し、低木のまばらな草地や山麓、林縁などに生息します。体の上面は茶褐色で黒い縦斑があり、下面は胸が茶色、腹は灰白色、顔に白と黒のしまがあります。雌は全体が淡色で頬は茶色です。チチッと地鳴きし、チョッチーチリ、チョチュリーチッなどとさえずり、地上や枝に巣をつくります。

シロハラホオジロ　ホオジロ科　*Emberiza tristrami*

Natural View
1. 旅
2. 耕地周辺の低木・疎林地／稚内市（5月）
3. 約15cm
4. ♂
5. ❀

Special Point　冬季にウスリー方面から一部南下渡来し、原野地や耕地周辺の林地などで見られます。雄の夏羽は黒い頭部に白い頭央線・眉斑・顎線が走り、上面は褐色の地に黒い縦斑、下面も褐色の地に胸・脇に縦斑があり、腰は赤褐色で腹は白色です。雌は淡色で頬は黒枠のある灰褐色です。チッチッと地鳴きし、地面で雑草の種子などを食べます。

ホオアカ ホオジロ科 *Emberiza fucata*

Natural View
1. 夏
2. 草原・原野の低木／石狩平野（5月）
3. 約15cm
4. ♂
5. ❀

Special Point 初夏の頃南方から渡来し、草原や原野のやぶ、低木の枝などでよくさえずっています。雄は上面褐色で、背に黒縦斑、頬に茶色の斑があり、下面は淡褐色で白い胸に黒色と赤褐色の帯があります。雌は全体的に淡色です。チィッチン、チチョチュビなどとさえずり、昆虫などを食べ、地上や低木の枝に巣をつくります。

コホオアカ ホオジロ科 *Emberiza pusilla*

Natural View
1. 迷
2. 草地・荒れ地／天売島（5月）
3. 約12cm
4. ♂
5. ♥

Special Point ユーラシア大陸東部の鳥で、ごくまれに迷鳥として荒れ地や耕地近辺に渡来します。雄の体の上面は灰褐色で黒の縦斑があります。夏羽の頬・眉斑・頭央線は赤褐色で、頭側線は黒、下面は白っぽい地に縦斑があります。雌は全体的に淡色です。草の種子などを食べます。

キマユホオジロ　ホオジロ科　　*Emberiza chrysophrys*

Natural View
1. 旅
2. 農地や近辺のやぶ／道外（5月）左下・道外（5月）
3. 約16cm
4. ♂・左下♀
5. ♥

Special Point　夏、シベリア内陸部で繁殖し、冬、南へ移動する鳥ですが、まれな旅鳥として道南の上ノ国町に渡来の記録があります。雄の夏羽は顔や頭が黒く、頭央部は白、眉斑は黄色です。上面灰褐色で黒色の縦斑があり、下面は白地に喉から脇に黒い縦斑があります。雌の顔・頭は褐色で体全体は茶色味があります。雌雄とも耳羽に白斑があります。地上で草の種子などを食べます。

カシラダカ　ホオジロ科　　*Emberiza rustica*

Natural View
1. 旅
2. 下草のある疎林地・林縁・農耕地／道外（4月）
3. 約15cm
4. ♂
5. ♣

Special Point　秋にシベリア方面から渡来し、田畑周辺の雑草の生えた疎林地などに立ち寄ります。雄の体上面は褐色で背に黒条があります。夏羽の頭と頬は黒色、冬には茶色になります。冠羽があり眉斑・喉は白色、下面は白地に胸・脇に茶色の縦斑があります。雌は薄茶色です。チッチッと地鳴きし、群れをなし、草の種子をよく食べます。

ミヤマホオジロ　ホオジロ科　　　*Emberiza elegans*

Natural View
1. 冬
2. 平地〜低山の林床／苫小牧市（3月）
3. 約15cm
4. 左♀・右♂
5.

Special Point　冬季にシベリア方面から渡来して、平地から低山の林床などに生息します。雄の体は上面は茶褐色で、頭・顔・冠羽・胸は黒く、眉斑と喉は黄色、脇に縦斑がありますが下面は白色です。雌は淡黄褐色です。チッチッと地鳴きし、群れて地上でタデ・ミゾソバなどの草の種子を好んで食べます。

シマアオジ　ホオジロ科　　　*Emberiza aureola*

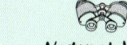

Natural View
1. 夏
2. 広い湿原・原野／浜頓別町（7月）
3. 約15cm
4. ♂
5. 準絶

Special Point　初夏の頃南方から渡来し、広い湿原・草原・原野地などに生息します。雄の夏羽は頭・背・翼が赤茶色で、顔・喉は黒く、翼に白斑があり、下面は黄色で胸に横帯があります。雌は上面が淡褐色の地に縦斑・眉斑があり、顔・喉・胸が黄色です。チッチッと地鳴きし、ヒーヒョーヒー、チュリチュリなどとゆったりさえずります。昆虫を食べ、地面に巣をつくります。

アオジ　ホオジロ科　　　　　　　　　　　　　　*Emberiza spodocephala*

Natural View
1. 夏
2. 平地〜山地の草地・林地／厚田村（5月）
3. 約16cm
4. ♂
5. 🌸

Special Point　早春の頃南方から渡来し、平地から山地のやぶ、疎林地などに生息します。雄は頭が灰緑色、背には褐色の地に黒色縦斑があり、くちばしは黄色で翼に2白条があります。下面は黄白色で胸と脇に黒褐色縦斑があります。雌は頭部が淡褐色で下面は淡色です。チッチッと地鳴きし、チョッチン、チュルル、チリリーなどとさえずります。昆虫などを食べ、地上や枝に巣をつくります。

クロジ　ホオジロ科　　　　　　　　　　　　　　*Emberiza variabilis*

Natural View
1. 夏
2. 低山〜亜高山の林地のやぶ／苫小牧市（1月）
3. 約17cm
4. ♂
5. 🌸

Special Point　早春に南方から渡来し、山岳地の針・広混交林の林床でササや低木の茂るような所に生息します。雄の夏羽は暗青灰色、くちばしと足は黄色、冬羽は淡色ですが背・翼に褐色味をもちます。雌は緑褐色味が強いのが目立ちます。背と胸に黒色縦斑があります。チッチッと地鳴きし、ホーイ、チュチュチュなどとさえずります。草の種子などを食べ、地上に巣をつくります。

オオジュリン　ホオジロ科　　　　*Emberiza schoeniclus*

Natural View
1. 夏
2. 沿岸部の湿地・湖沼付近の草地／浦幌町（5月）
3. 約16cm
4. ♂
5. 🌸

Special Point　初夏の頃本州方面から渡来し、水辺の草地やアシ原に生息します。雄の夏羽は頭と喉は黒（冬羽は淡褐色）、背面は黄褐色の地に黒い縦斑、頸線と襟と下面は白色です。雌の頭・喉は茶色っぽく見えます。チッチッと地鳴きし、ジュリンとかチュリージュリーチュリーなどと細くとおる声でさえずります。昆虫類や草の種子などを食べ、地上に巣をつくります。

ツメナガホオジロ　ホオジロ科　　　　*Calcarius lapponicus*

Natural View
1. 冬
2. 沿岸沿いの草地／幌延町（1月）　左上・トウフツ湖（3月）
3. 約15cm
4. ♂ 冬羽　左上♂ 夏羽
5. ♥

Special Point　極北の鳥で冬季に南下渡来して、道東・道北沿岸沿いの草地などにごく少数生息します。雄の夏羽は頭・胸部が黒く後頸は栗色、背に黒色縦斑、側頭から肩に白線があり、下面は白く脇に縦斑があります。冬羽は頭と胸は黄褐色になり雌に似ています。後指の爪が長いのが目立ちます。草の種子・昆虫などを食べます。

ホオジロ科

81

ユキホオジロ　ホオジロ科　　*Plectrophenax nivalis*

Natural View
1. 冬
2. 道東・道北の沿岸沿いの草地／トウフツ湖（３月）
3. 約15cm
4. ♂
5. 🌸

Special Point　極北の鳥ですが、冬、道東・道北沿岸沿いの草地などに来て群れで生息します。雄の夏羽は背から尾が黒褐色、頭から下面は白色で、冬羽は頭・頬・胸に茶色の斑ができます。雌は上面が褐色、下面が白色で、雄の冬羽に似ています。クリリ、クリリなどと鳴き、雪原で雑草の穂に群がったりします。また冬の沿岸部のやぶ近辺では、黒っぽい体で胸に小黒斑のあるゴマフスズメや、頭上が黄色のキガシラシトドなどの渡来が知られています。

アトリ　アトリ科　　*Fringilla montifringilla*

Natural View
1. 旅
2. 平地〜山地の農地・林地／苫小牧市（５月）左下・小樽市（２月）
3. 約15cm
4. ♂ 夏羽　左下♂ 冬羽
5. 🌸

Special Point　３月頃に公園や街路樹のナナカマドの実などに群がりつつ北上していきます。雄の夏羽は頭から背が黒色、胸と肩は茶色、翼帯と腹は白色で、脇腹に黒点があります。冬羽は淡色になりますが雄の頬は黒味が強く、雌では橙色味があり後頭に２黒条があります。キョッキョッと鳴き、地上では草の種子も食べます。

ズアオアトリ アトリ科 *Fringilla coelebs*

Natural View
1. 迷
2. 林地〜周辺の草地／利尻島（4月）
3. 約15cm
4. ♂
5. ●

Special Point ユーラシア大陸西部方面に分布し、迷鳥として初めて利尻町に飛来している珍しい鳥です。雄の夏羽は頭と後頭が灰青色で、背は淡褐色、肩に白斑と黒い翼に白帯があります。下面は赤褐色で腹部は白っぽく見えます。地面で植物の種子などを食べます。

カワラヒワ アトリ科 *Carduelis sinica*

Natural View
1. 夏
2. 平地〜低山・田畑・原野地／鵡川町（6月）
3. 約15cm
4. 左♂・右♀
5. ❀

Special Point 3月頃南方から渡来し、郊外の田地や原野地の疎林地、やぶなどに生息します。雄の体は全体的に緑褐色で、黒い翼に黄色斑があり、くちばしは桃色で尾に切れ込みがあります。雌は淡色です。ジェーと鳴いたりキリリコロロと鳴いて飛び、ヒエなど草の種子を食べ、枝に巣をつくります。

アトリ科

マヒワ アトリ科 *Carduelis spinus*

Natural View
1. 冬
2. 平地～山地の林地／苫小牧市（4月）
   左下・苫小牧市（4月）
3. 約13cm
4. ♂・左下♀
5.

Special Point 冬季に北方から南下してきて、山地やハンノキ林などに群れて生息します。雄は頭が黒く、頬・背・胸は黄色、背と脇に縦斑があり、黒い翼に黄色の帯があります。雌は淡色です。尾に切れ込みがあります。チュイン、チュインと鳴き、ハンノキの実や草の種子などを食べます。

ベニヒワ アトリ科 *Carduelis flammea*

Natural View
1. 冬
2. 沿岸部の原野／斜里町（1月）
   左下・斜里町（1月）
3. 約14cm
4. ♂・左下♀
5.

Special Point 冬季にシベリア方面から南下してきて、沿岸部の枯れ草の多い雪原に群れて生息します。雄の体上面は灰褐色、頭と胸は赤く腹は淡灰白色、背と脇に縦斑があります。雌の胸に赤味はなく脇に太い縦斑があります（コベニヒワにはほとんどこの斑はありません）。チューン、チューンと鳴き、メマツヨイグサやアカザなどの種子を食べます。

ハギマシコ　アトリ科　　　　　　　　　　　　　　*Leucosticte arctoa*

Natural View

1. 冬
2. 沿岸部の原野・耕地周辺／道外（12月）
3. 約16cm
4. ♂
5. 🍑

Special Point　冬季に北方から南下渡来し、沿岸部の起伏のある雪の原野や耕地周辺などに群れて生息します。雄の体は黄色味のある茶褐色で、下面は赤っぽく、背と下面に縦斑があります。雌は淡色で赤味が少ないです。ジュッジュッなどと鳴き、地面の草の種子を食べ、驚くと飛び上がり木の枝に休みます。

オオマシコ　アトリ科　　　　　　　　　　　　　　*Carpodacus roseus*

Natural View

1. 冬
2. 平地や下草の多い山林／鶴居村（2月）
3. 約17cm
4. ♂
5. 🍑

Special Point　冬季にシベリア方面から南下してきて、平地や山地の下草の多い林床などに生息します。雄の体は紅色が目立ち、前頭と喉が銀白色、背に縦斑、翼に2白帯があります。下面胸は紅色で下腹は灰白色です。雌は灰褐色味があり、下面に黒色縦斑があります。チィーと鳴き、群れて林縁のイヌビエ・タデなどの種子を食べます。

85

ギンザンマシコ アトリ科　　　　　　　*Pinicola enucleator*

Natural View
1. 漂
2. 夏は高山のハイマツ帯・冬は低山〜平地／大雪山（7月）左下・大雪山（7月）
3. 約20cm
4. ♂・左下♀
5.

Special Point　夏に大雪山などの高山のハイマツの密生地などに生息し、冬は低山や平地へ移動します。雄の体は全身がほとんど紅色で、くちばしは太く、翼と尾は黒褐色、腹に灰色味があります。雌は淡黄褐色で地味です。ピーピーヒウルピウルピウルリーなどとさえずり、ハイマツの実などを食べ、ハイマツの枝に巣をつくります。

イスカ アトリ科　　　　　　　*Loxia curvirostra*

Natural View
1. 冬
2. 平地〜低山の針葉樹林／宮島沼（4月）
3. 約17cm
4. 前♀・後♂
5.

Special Point　冬季にシベリア方面から南下してきて、群れで針葉樹林などに生息します。雄の体は朱紅色で、翼と尾は黒褐色です。くちばしは太く交差しています。雌の体は緑黄色で下面は淡色です。ギョッギョッと地鳴きし、チッチ、チーイチーンなどとのどかにさえずります。松の実などを食べます。

ナキイスカ アトリ科　　　　　*Loxia leucoptera*

Natural View

1. 冬
2. 平地〜低山の針葉樹林／旭川市（2月）
3. 約15cm
4. ♂
5. ♥

Special Point 冬季にシベリア方面から南下してきて、針葉樹林内に生息します。雄の体は紅色で、くちばしは交差し、翼は黒く2条の白帯と三列風切の先の白斑が目立ちます。雌は黄緑色で、翼は黒く2条の白帯があります。ピョッなどと鳴き、松の実などを食べます。

ベニマシコ アトリ科　　　　　*Uragus sibiricus*

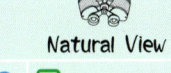

Natural View

1. 夏
2. 平地〜山麓のやぶ／定山渓（4月）左下・定山渓（4月）
3. 約15cm
4. ♂・左下♀
5. ✿

Special Point 初夏の頃南方から渡来して、低木や草本の交じる原野のやぶなどに生息します。雄の体は紅色で背に黒色縦斑があり、翼と尾は黒く、頬に白斑、翼に2白条があります。雌は少しくすんだ黄褐色です。フィーフィーとかピッポピッポなどと鳴きます。草の種子を食べ、やぶに巣をつくります。

アトリ科

87

ウソ　アトリ科　　　　　　　　　　　　　　　　　　　　*Pyrrhula pyrrhula*

Natural View

1. 漂
2. 夏は亜高山の林
   冬は平地林／
   札幌市（2月）
   左上・札幌市（3月）
3. 約15cm
4. ♂・左上♀
5.

Special Point　夏は亜高山の針葉樹林帯、冬は低山の広葉樹林帯に生息します。雄の頭・翼・尾は黒く、背は青灰色で（雌は黄褐色）、頬と喉は赤く（雌は赤くない）、下面は灰白色です。くちばしは太く短いのが目立ちます。フィーフィーとやわらかい声で鳴き、桜や梅などのつぼみを食べ、奥山の針葉樹の枝に巣をつくります。

ウソ（ベニバラウソ）　アトリ科　　　　　　　　　　　*Phrrhula pyrrhula cassinii*

Natural View

1. 冬
2. 低地の山林／
   札幌市（2月）
3. 約15cm
4. ♂
5.

Special Point　ウソの一亜種で冬季に北方から南下してきて、低地の山林に生息します。雄の体は頭が黒く、背は灰青色、翼は黒地に白斑があり、体の下面は濃い紅色で下腹は白色です。雌はウソの雌に似ていますが、黄土色味があります。フィーフィーと鳴き、ソメイヨシノなどの木の芽を好んで食べます。また、似ている亜種アカウソの雄の頬や体下面は本種より淡色です。

イカル　アトリ科　　　　　　　　　　　　　　　*Eophona personata*

Natural View
1. 夏
2. 平地〜山地の広葉樹林／厚田村（7月）
3. 約25cm
4. 同色
5.

Special Point　5月頃南方から渡来して、広葉樹の多い山林などに生息します。体の頭・翼・尾は黒く、背や下面はほぼ灰色です。翼に白斑があり、くちばしは大きく黄色です。キーコーキーとさえずり、桜の芽や松の種子などを食べ、木の枝に巣をつくります。

コイカル　アトリ科　　　　　　　　　　　　　　*Eophona migratoria*

Natural View
1. 旅
2. 広葉樹林／道外（6月）
3. 約20cm
4. 左♂・右♀
5.

Special Point　冬季に大陸から西日本に割合多く渡来しますが、北海道ではまれで利尻島などに渡来しています。雄の頭・翼・尾は黒く、背は灰褐色で、下面は灰白色ですが脇は橙色です。雄の初列風切の先が白く、くちばしは雌雄とも橙黄色です。雌の頭と体の大半は灰褐色です。キョッなどと鳴きます。

89

シメ アトリ科 *Coccothraustes coccothraustes*

Natural View

1. 夏
2. 平地～山地の広葉樹林／石狩平野（3月）
3. 約17cm
4. ♂
5. ✿

Special Point 4月頃南方から多数渡来し、平地や山地の広葉樹林に生息します。雄の頭と背は褐色で翼は黒く、肩に白斑があり、下面は淡灰褐色で、雌は淡色です。くちばしは太く、冬は橙色で春には鉛色です。ピチッ、チチッなどと鳴き、木の実や餌台のヒマワリの種子などを食べ、木の枝に巣をつくります。

ニュウナイスズメ ハタオリドリ科 *Passer rutilans*

Natural View

1. 夏
2. 低地の山林／平取町（6月）
3. 約15cm
4. ♂
5. ✿

Special Point 初夏の頃南方から渡来して、低地の山林に生息します。雄の頭と背は栗色で下面は灰白色、喉に黒斑、翼に2白条があります。雌は上面は黄味のある灰褐色で白い眉斑があります。チーチーと鳴き、昆虫・米などを食べ、樹洞に巣をつくります。

スズメ　ハタオリドリ科　　　　　　　　　*Passer montanus*

Natural View
1. 留
2. 人家近辺／鵡川町（10月）
3. 約15cm
4. 同色
5. 🌸

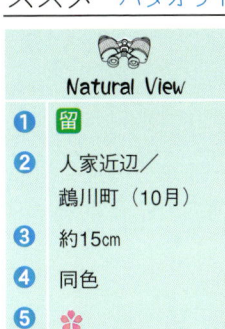

Special Point　人家の近くに生息していていつも身近に見られます。雄の頭は栗色、背面は褐色で黒条斑があり、頬と喉は黒く、雌も同色です。チュン、チュンと鳴き、草の種子・昆虫・米などを食べ、軒下などに巣をつくります。

ムクドリ　ムクドリ科　　　　　　　　　*Sturnus cineraceus*

Natural View
1. 夏
2. 人家近くの林／苫小牧市（5月）
3. 約24cm
4. ♂
5. 🌸

Special Point　春に南方から渡来し、村落や田地周辺の疎林などに生息します。体は灰褐色で頭は黒く、くちばしと足は橙色で、頬と腰に白色が見られます。雌雄ほぼ同色です。よく群れをつくり、キュルキュルリヤーなどと鳴き、昆虫の幼虫・ミミズなどを食べ、樹洞に巣をつくります。

ホシムクドリ ムクドリ科 *Sturnus vulgaris*

Natural View
1. 迷
2. 平地・人家近辺・田畑など／道外（6月）
3. 約20cm
4. 同色　夏羽
5. ごくまれに見られる

Special Point 新旧大陸系の鳥ですが、ごくまれに迷鳥として人家近辺の餌台などに飛来しています。夏羽では全身が緑色や紫色のつやのある黒色で、淡橙色の羽縁があり、くちばしは黄色で足は橙色です。冬羽では全身が黒色の地に褐色と白色の細かい小斑が点在し、くちばしは黒味が増します。

コムクドリ ムクドリ科 *Sturnus philippensis*

Natural View
1. 夏
2. 人里の疎林地／石狩市（6月）
3. 約19cm
4. ♂
5.

Special Point 初夏の頃南方から渡来して、低山や人里の疎林地などに生息します。雄の頭は灰白色で頬に栗色斑があり（雌には斑がなくて体色も淡色です）、背は紫褐色（雌は灰褐色）、青黒い翼に白斑があり、下面は灰白色です。キュルキュルなどと鳴き、害虫やサクランボなども食べ、樹洞に巣をつくります。

カケス（ミヤマカケス） カラス科 *Garrulus glandarius*

Natural View
1. 留
2. 平地〜低山の森林／定山渓（10月）
3. 約33cm
4. 同色
5. ✿

Special Point 夏は低山の森林で見られ、冬は山麓や雑木林などでよく見られます。雄の頭と顔は赤褐色、背と下面は茶褐色で、翼に青・白・黒の微小斑の集まりがあります。喉は白く頬には黒いヒゲ状斑があり、長い尾は黒色です。ジャージャーなどと鳴き、雑食性でナラの実など何でも食べ、木の枝に巣をつくります。

カササギ カラス科 *Pica pica*

Natural View
1. 迷
2. 市街近郊の防風林／苫小牧市（4月）
3. 約45cm
4. 同色
5. ✿

Special Point 北九州に生息する鳥ですが、近年北海道南部の市街近郊の防風林地などに迷鳥として生息しています。体の頭と胸・下尾筒は黒く、翼と尾は黒緑色で、腹部と肩羽は白色です。長い尾を引いて直線的に飛び、カシャカシャとかすれた響く声で鳴きます。昆虫などを捕食し、電柱・木の枝などに巣をつくります。

ホシガラス　カラス科　*Nucifraga caryocatactes*

Natural View
1. 留
2. 高山のハイマツ帯・亜高山の針葉樹林／札幌市（12月）
3. 約35cm
4. 同色
5.

Special Point　夏季に大雪山のハイマツ帯や亜高山の針葉樹林近辺でよく見られます。体は全体が黒褐色の地に小白斑が点在し、尾の先は白色です。のびやかに滑空し、ガーッガーッと少しかすれた声を出し、ハイマツの実を好んで食べます。

ニシコクマルガラス　カラス科　*Corvus monedula*

Natural View
1. 迷
2. 人里の疎林地／天売島（4月）
3. 約33cm
4. 同色
5.

Special Point　ユーラシア大陸中西部のヨーロッパ方面に分布する鳥で、天売島に渡来した珍しい鳥です。体は目から上の前頭部は黒色で、目から肩の間の後頭部と首の部分は灰色、肩から後部の上面は黒く、下面は灰色で、虹彩は白色です。コクマルガラスの淡色型は、襟や下面が白色で他は黒色ですが、渡来しています。

ミヤマガラス カラス科 *Corvus frugilegus*

Natural View
1. 迷
2. 田畑・海岸／道外（1月）
3. 約47cm
4. 同色
5. 🌸

Special Point 冬季に主にシベリア南部や中国方面から九州に渡来している鳥で、北海道でもまれに迷鳥として渡来します。体全体が黒色で、くちばしは真っすぐで少し細く先はとがっていて、基部は白色です。農耕地などで餌を捕ったりしています。

ハシボソガラス カラス科 *Corvus corone*

Natural View
1. 留
2. 市街地・農耕地・山林／道外（3月）
3. 約50cm
4. 同色
5. 🌸

Special Point 広くユーラシア大陸に分布し、身近に目にする鳥です。体は青味を帯びた黒色で、額は出ていなく、くちばしは割合細くて下にわずかに湾曲しています。ガァーガァーと鳴き、木の実・昆虫など何でも食べ、森をねぐらにし木の枝に巣をつくります。

ハシブトガラス　カラス科　　　　　　　　　　　*Corvus macrorhynchos*

Natural View
1. 留
2. 市街地・農耕地・海岸／静内町（3月）
3. 約55cm
4. 同色
5. 🌸

Special Point　日常身近に目にする鳥です。体は全体が青味のある黒色で、ハシボソガラスより少し大きく、くちばしも太く額が前に出ています。カアーカアーと澄んだ声で鳴き、ゴミ捨て場にも集まります。森をねぐらにし、枝に巣をつくります。

ワタリガラス　カラス科　　　　　　　　　　　*Corvus corax*

Natural View
1. 冬
2. 道東・道北沿岸／道外（6月）
3. 約60cm
4. 同色
5. 🌸

Special Point　冬季に北方から南下してきて、道東・道北沿岸の崖地などに生息します。体は黒色で、飛んでいるとき、尾はクサビ形です。喉の毛は粗く見えます。魚や動物の死がいなども食べます。

水辺の鳥

ペンケ沼のオオヒシクイ

アビ アビ科 *Gavia stellata*

Natural View
1. 旅
2. 沿岸／稚内市（12月）
3. 約62cm
4. 同色
5.

Special Point 秋にシベリア方面から南下途中のものが、沿岸やまれに港湾でも見られます。冬羽の上面は灰褐色で小白斑があり、下面は白色です。喉に褐色斑のある夏羽はほとんど見られません。くちばしは少し上に反っています。コーコーと鳴き、イカナゴなどを食べます。この鳥の居場所が昔は漁場とされたりしました。また冬に見る**ハシジロアビ**は体上面が灰褐色で下面は白く、上向きで大きい黄白色のくちばしが目立ちます。

オオハム アビ科 *Gavia arctica*

Natural View
1. 旅
2. 沿岸・港湾／小樽市（12月）
3. 約72cm
4. 同色
5.

Special Point 秋にシベリア方面から南下途中のものが、沿岸や港湾でも見られます。冬羽の上面は黒褐色で雨覆に白点があり、下面の喉から腹と脇腹は白色です。くちばしは真っすぐです。喉に暗緑色の斑のある夏羽はほとんど見られません。潜水して魚を捕食します。**シロエリオオハム**の冬羽は似ていますが体が少し小さく、後ろ脇に白斑は見えません。

カイツブリ　カイツブリ科　　*Podiceps ruficollis*

Natural View
1. 夏
2. 湖沼・河川／宮島沼（11月）
3. 約27cm
4. 同色
5. ❖

Special Point　初夏の頃南方から渡来して、湖沼や河川などに生息します。夏羽は全体が黒褐色を帯び、頬から首は赤茶色、冬羽では黄褐色っぽくなります。目は黄色で下くちばしの基部に黄斑があり、尾はなく足は下方につき弁状の水かきがあります。キュルルと鳴き、潜水して魚を捕食し、湖面に巣をつくります。

ハジロカイツブリ　カイツブリ科　　*Podiceps nigricollis*

Natural View
1. 冬
2. 港湾・湖沼／石狩市（2月）
3. 約30cm
4. 同色
5. ❖

Special Point　冬に北方から南下してきて、港湾部や湖沼などに生息します。冬羽の上面は淡黒褐色で下面は灰白色、飾り羽のついている夏羽の鳥はほとんど見られません。目は赤く、くちばしは細く上に反っています。ときにピリッピリッと鳴き、よく泳ぎ潜水して魚などを捕食します。

ミミカイツブリ　カイツブリ科　　*Podiceps auritus*

Natural View
1. 冬
2. 港湾・湖沼／石狩市（1月）
3. 約33cm
4. 同色
5. 🌸

Special Point　冬にシベリア方面から南下してきて、港湾部や湖沼などに生息します。冬羽の上面は暗褐色で、下面は白色です。飾り羽のついている夏羽の鳥は見られません。目は赤く、くちばしは真っすぐです。よく泳ぎ潜水して魚などを食べます。

アカエリカイツブリ　カイツブリ科　　*Podiceps grisegena*

Natural View
1. 夏
2. 道東・道北の湖沼／サロベツ原野（6月）
3. 約45cm
4. 同色
5. 🌸

Special Point　春に南方から渡来し、道東・道北の湖沼に生息しています。夏羽の上面は暗褐色で頭が黒色、顔と喉は白色、首は赤褐色でくちばしは黄色っぽくなっています。冬羽の喉・頸は灰白色になります。ケレレなどと鳴き、潜水しドジョウなどを捕食します。

カンムリカイツブリ　カイツブリ科　　*Podiceps cristatus*

Natural View

1. 旅
2. 港湾・河口・湖沼／
   小樽市（12月）
   左下・宮島沼
   （4月）
3. 約57cm
4. 同色　冬羽
   左下　夏羽
5. ♥

Special Point　初冬に大陸方面から南下途中のものが、港湾や河口などで見られます。夏羽の頬は赤褐色で首の前側は白く、後側は黒褐色です。首は細長く黒い冠羽が目立ち、目先に黒条があります。冬羽では頬の赤褐色は消え白くなり、体は淡灰褐色になります。潜水して魚などを捕食します。

アホウドリ　アホウドリ科　　*Diomedea albatrus*

Natural View

1. 旅
2. 太平洋上／
   苫小牧市（6月）
3. 約93cm
4. 写真は亜成鳥
5. 絶危　特　♥

Special Point　冬に鳥島などで繁殖し、夏に太平洋を北上する鳥で、太平洋上でごくまれに見られます。体は大きくて白っぽく、くちばしは橙色、後頭は黄色で長い翼と尾の一部が黒色、足は淡橙灰色です。翼下面は白く洋上を低く帆翔します。現在（平成11年）生息数が約1000羽と推定され保護の手が加えられ、国際保護鳥となっています。

コアホウドリ アホウドリ科 *Diomedea immutabilis*

Natural View
1. 旅
2. 太平洋上／苫小牧市沖（6月）
3. 約80cm
4. 同色
5. 絶危 ♥

Special Point 初夏に小笠原諸島方面から北上してきたものが、太平洋上で見られます。体は背と翼が黒褐色で、くちばしと足は淡紅色、その他は全部白色です。魚やイカなどを捕食します。

クロアシアホウドリ アホウドリ科 *Diomedea nigripes*

Natural View
1. 旅
2. 太平洋上／苫小牧市沖（6月）
3. 約70cm
4. 同色
5. ♥♥

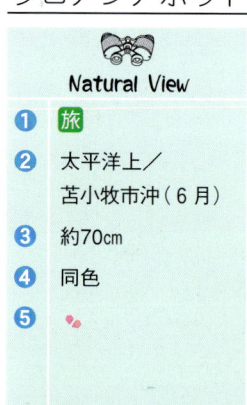

Special Point 初夏の頃小笠原諸島方面から北上するときに太平洋上で見られます。体は黒褐色でくちばしのつけ根は白色です。アホウドリ類は洋上でよく混群しています。翼は細長く、洋上を帆翔して魚などを捕食します。

フルマカモメ ミズナギドリ科 *Fulmarus glacialis*

Natural View
1. 冬
2. 太平洋沖合／道外（7月）
3. 約50cm
4. 同色　暗色型
5.

Special Point 北方海域の鳥で、船舶で外洋に出たときなどに見られます。体は灰褐色に見えますが淡色型と暗色型があり、暗色型が多く見られます。くちばしは黄色で大きく、上くちばしの基部に管鼻（管状の鼻孔）があります。潜水しないで波間の餌を捕ります。名前と異なり、カモメの仲間ではありません。

オオミズナギドリ ミズナギドリ科 *Calonectris leucomelas*

Natural View
1. 夏
2. 大島・洋上／噴火湾（7月）
3. 約50cm
4. 同色
5.

Special Point 5月頃に南方から洋上を群れをなして渡来し、大島では繁殖しているとされています。体の上面は灰黒褐色、下面は白く、白い頭と顔に小黒褐色斑があり、くちばしと足は淡紅色です。日中は洋上を波形に帆翔し、イワシなどに群がり、夜は斜面の巣穴に戻ります。

アカアシミズナギドリ　ミズナギドリ科　*Puffinus carneipes*

Natural View
1. 旅
2. 洋上・入江／噴火湾（7月）
3. 約45cm
4. 同色
5.

Special Point　冬に南半球で繁殖し、夏に北太平洋方面へ群れて移動するので、太平洋近海で見られます。体は全体的に黒褐色、くちばしは淡い桃色で先が黒く、足は淡紅色です。羽ばたきと滑走をして飛び立ち、魚群のいる海上によく集まり、イワシなどを食べます。

ハシボソミズナギドリ　ミズナギドリ科　*Puffinus tenuirostris*

Natural View
1. 旅
2. 近海洋上／北太平洋上（7月）
3. 約35cm
4. 同色
5.

Special Point　冬にオーストラリア東南方面で繁殖し、夏季に北太平洋方面へ北上するとき洋上で見られます。体は黒褐色で、下面には幾分か灰色味があります。割合に低空を真っすぐに飛びます。洋上で群れをなして泳ぎ、オキアミなどを捕食します。同じ科のハイイロミズナギドリも同じく春、群れをなし太平洋を北上します。細長い翼の下面は銀色っぽい光沢があり、低く波状に飛ぶのが見られます。

コシジロウミツバメ　ウミツバメ科　*Oceanodroma leucorhoa*

Natural View
1. 夏
2. 大黒島・洋上／大黒島（6月）
3. 約20cm
4. 同色
5.

Special Point　太平洋北岸方面で繁殖していますが、日本では大黒島に4月頃南方から90万羽もの多数が渡来し集団繁殖しています。体は全体的に黒褐色で、腰は白く、鼻は管状で尾は燕尾です。海面を低く飛び、海面上で餌を捕ります。テッテケ、テットットなどと鳴き、地面に穴を掘り営巣します。

ウミウ　ウ科　*Phalacrocorax capillatus*

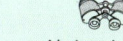

Natural View
1. 留
2. 海岸の岩場／浜益村（10月）
3. 約88cm
4. 同色
5.

Special Point　海岸の岩場や防波堤などにとまっているのがよく見られます。体は全体的に黒くつやがあり、緑色味があります。くちばしの黄色部は口角のところで角ばりがあります。グルルなどという声を出したりして、よく潜水し魚を捕食します。岩壁で集団繁殖をします。

カワウ ウ科 *Phalacrocorax carbo*

Natural View
1. 迷
2. 河川／定山渓（8月）
3. 約85cm
4. 同色
5.

Special Point 本州方面で割合多く見られる鳥で、北海道ではまれに河川で見ることがあります。体はほぼ黒褐色で、頬の白色部に斑点はなく、肩などに緑色味もありません。くちばしの黄色部は口角のところで丸くなっています。潜水して魚を捕食します。

ヒメウ ウ科 *Phalacrocorax pelagicus*

Natural View
1. 夏
2. 海岸の岩壁・港湾／小樽港（11月）
3. 約70cm
4. 同色
5.

Special Point 日本北部の海岸の切り立つ岩壁などで集団繁殖していますが、冬季は港湾などでよく見られます。細く小さい体は黒色で光沢があります。夏羽は目の周辺に赤い斑と2つの小さい冠羽ができますが、赤い斑と冠羽は冬には消えます。くちばしは細く、よく潜水して魚を捕食します。

チシマウガラス　ウ科　*Phalacrocorax urile*

Natural View
1. 留
2. ユルリ島・モユルリ島／千島（7月）
3. 約76cm
4. 同色
5. 絶危

Special Point　30年ほど前にはユルリ島、モユルリ島に300羽ほど生息していましたが、現在（平成10年）は10羽ほどの生息と推定されています。体は光沢のある黒色で、夏羽では顔の赤色と頭の2つの冠羽が目立ちますが、冬羽では目立ちません。くちばしは橙黄色に見えます。魚を捕食し、岩壁で集団繁殖します。

コグンカンドリ　グンカンドリ科　*Fregata ariel*

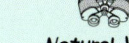

Natural View
1. 迷
2. 港湾・湖沼／大沼公園（12月）
3. 約80cm
4. 写真は亜成鳥
5.

Special Point　冬に熱帯の島で繁殖する鳥で、夏に港湾や入江などの上空でごくまれに見られることがあります。雄は全身黒色で両脇が白く喉が赤、雌は全身褐色味もあり胸は白色です。亜成鳥は頭と腹が白色です。尾はふたまた状で、大形で悠然と滑空しています。

ヨシゴイ サギ科 *Ixobrychus sinensis*

Natural View
1. 夏
2. 水辺や周辺のアシ原／道外（8月）
3. 約35cm
4. ♀
5.

Special Point 初夏の頃南方から水辺や周辺のアシ原に渡来する鳥ですが、北海道では羅臼町などで保護された記録があります。体は上面が茶褐色で下面は黄白色です。また雄の頭上は黒く、雌は赤褐色です。カエルなどを食べ、アシの中に巣をつくります。ウーウーなどと鳴きます。

ミゾゴイ サギ科 *Gorsakius goisagi*

Natural View
1. 夏
2. 低山の広葉樹林下／稚内市（5月）
3. 約50cm
4. 同色
5. 準絶

Special Point 初夏の頃東南アジア方面から渡来し、低山の渓流部の広葉樹林の林床などに生息します。体は全体的に茶褐色、下面は淡色で胸に太い縦じまがあります。沢でホオーホオーと鳴き、水生昆虫や魚類などを食べます。

ゴイサギ サギ科 *Nycticorax nycticorax*

Natural View

1. 夏
2. 水辺周辺の林地／札幌市（6月）
3. 約58cm
4. 同色
5.

Special Point 夏に南方から渡来し、魚のいる池や川の周辺の林地に生息します。体の上面は頭と背が緑黒色、翼は灰色、下面は灰白色、目は茶色っぽく白い冠羽があります。幼鳥は褐色味があり、小黄白色斑に包まれています。ゴア、ゴアなどと鳴き、日中は林で休み、夜間に魚などを捕ります。

ササゴイ サギ科 *Butorides striatus*

Natural View

1. 迷
2. 水辺周辺の林地／道外（7月）
3. 約50cm
4. 同色　写真は亜成鳥
5.

Special Point 夏に本州西部で割合に多く見られ、北海道ではまれに天売島に渡来しています。体の上面は青緑味のある黒褐色で頭は黒く、下面は青灰色で、目と足は黄色です。浅い水辺で魚などを捕食します。

109

アカガシラサギ サギ科 *Ardeola bacchus*

Natural View
1. 迷
2. 湿地／稚内市（5月）
3. 約45cm
4. 同色
5. ♥

Special Point アジア大陸に分布する鳥で、北海道では迷鳥としてごくまれに沿岸部の草茂る湿地などで見られます。夏羽では頭から胸は赤褐色、背は黒色で腹・翼・尾は白色です。茶色の冠羽があります。冬羽では冠羽はなく、全身は白地に灰黒褐色の縦斑模様です。くちばしは橙黄色で先が黒くなっています。

アマサギ サギ科 *Bubulcus ibis*

Natural View
1. 夏
2. 田畑の水辺・牧場／道外（5月）
3. 約50cm
4. 同色
5. ♥♥

Special Point 南方系の鳥で、初夏の頃湖畔や田畑の水辺、牧場などに渡来しますが、北海道ではたいへんまれです。夏羽は白い体にくちばしや頭から胸・背が茶色っぽく、冬羽ではくちばし以外の全身が白くなります。昆虫などを食べます。

ダイサギ サギ科 *Egretta alba*

Natural View
1. 夏
2. 湖沼・河川／宮島沼（9月）
3. 約0.9〜1 m
4. 同色
5.

Special Point ダイサギには冬、北方から渡来する大形の亜種**オオダイサギ**L 約100cmと、まれに見られる小形L 約90cmの亜種**チュウダイサギ**があり、湖沼などで見ることがあります。全身が白色で首が長く、夏には胸と背面に飾り羽ができ、くちばしは黒色です。冬には飾り羽がなくなり、くちばしは黄色になります。滑走して飛び、また浅瀬をしのび足で歩き、魚を捕食し、木の枝に巣をつくります。

チュウサギ サギ科 *Egretta intermedia*

Natural View
1. 夏
2. 湖沼・湿地／ウトナイ湖（4月）
3. 約70cm
4. 同色
5. 準絶

Special Point 春に東南アジア方面から渡来して、湖沼・湿地などに生息します。全身白色で、夏羽では胸と背に飾り羽がつき、くちばしは黒色です。冬羽では飾り羽がなくなり、くちばしは黄色になります。グアーなどと鳴き、浅い水辺でザリガニなども食べ、木の枝に巣をつくります。

コサギ サギ科 *Egretta garzetta*

Natural View
1. 夏
2. 湖沼・河口・湿地／鵡川町（5月）
3. 約60cm
4. 同色
5.

Special Point 春に東南アジア方面から渡来し、魚のいる河口の浅い水辺や湿地などに生息します。全身白色で、夏羽では2本の冠羽が目立ち、くちばしと足は黒く、指は黄色です。グアーグアーなどと鳴き、水辺の浅瀬などで小魚を捕食し、木の枝に巣をつくります。

カラシラサギ サギ科 *Egretta eulophotes*

Natural View
1. 迷
2. 海岸に近い水辺／小樽市（4月）
3. 約65cm
4. 同色
5. 情不

Special Point 大陸系の鳥ですが、迷鳥として湾岸や河口部の水辺でごくまれに見られます。全身が白色で、夏羽では後頭と背に房状の飾り羽があり、くちばしは黄色で、足は黒く指は緑黄色です。目先は青く、冬羽では冠羽はありません。浅瀬で魚などを捕食します。

アオサギ サギ科 *Ardea cinerea*

Natural View

1. 夏
2. 湖沼・河川／苫前町（5月）
3. 約94cm
4. 同色
5. ✿

Special Point 早春に南方から沿岸の河川などを伝い、周辺に自然林のあるような湖沼などにやってきます。全身が灰色っぽく、首には黒色縦斑があり、繁殖期に冠羽ができます。くちばしと足は淡橙色です。ゴアーゴアーと鳴き、ゆっくり浅瀬を歩いて魚などを食べ、老木の枝で集団繁殖します。

コウノトリ コウノトリ科 *Ciconia ciconia*

Natural View

1. 迷
2. 湿地・河川／サロベツ原野（5月）
3. 約1.15m
4. 同色
5. 絶危 特

Special Point 在来種は絶滅していて、放鳥したものか迷鳥としてアジア大陸方面から渡来したものが、水辺でまれに見られます。体はすらっとして白く風切羽は黒く、目の周りと足は赤色です。黒いくちばしでカタカタという音を出します。魚やカエルなどを食べます。

ヘラサギ トキ科　　　　　　　　　　　　　　　　*Platalea leucorodia*

Natural View

1. 迷
2. 干潟・湖沼／春国岱（6月）
3. 約86cm
4. 同色
5. 情不

Special Point　ごく散発的に渡来して、湖沼の浅瀬や干潟などで見られます。全身が白色で、黒いへら状のくちばしの先は黄色です。冠羽があり、黒く長い足で砂地の干潟などをゆっくり歩き、小動物を捕っています。

クロツラヘラサギ トキ科　　　　　　　　　　　　*Platalea minor*

Natural View

1. 迷
2. 浅瀬のある河川・干潟／道外（2月）
3. 約74cm
4. 同色
5. 絶危

Special Point　中国大陸南部沿岸などに分布する鳥で、北海道では上ノ国町で1回だけ記録があります。全身白色でくちばしは黒くへら状です。冠羽があり足は黒色です。広い浅瀬のある河川や干潟などで、水辺の小動物を捕食しています。

シジュウカラガン　カモ科　　　　　　　　　　　　*Branta canadensis*

Natural View
1. 冬
2. 湖沼・河口／静内町（3月）
3. 約64cm
4. 同色
5. 絶危

Special Point　北米で繁殖している鳥で、50年ほど前には多数渡来した記録がありますが、近年は減少し、ごく少数がマガンなどに交じり不凍結の湖沼や河口などで見られます。頭から首と尾が黒く、体は上面黒褐色で、下面は灰褐色、喉に白斑、首に白輪があります。水草などを食べます。

コクガン　カモ科　　　　　　　　　　　　　　　*Branta bernicla*

Natural View
1. 冬
2. 道南の入江の磯／函館市（2月）
3. 約61cm
4. 同色
5. 絶危　天

Special Point　冬季に北極海の方から南下してきて、道南の藻類などの生育する浅い磯辺で越冬します。頭から胸と背面は黒く、下面はほぼ褐色で下腹は白色です。喉に白い網状の模様があります。グルルルなどと鳴き、群れをなしていて、頭を海中に入れ岩につくアオサなどを食べます。

ハイイロガン カモ科 *Anser anser*

Natural View
1. 迷
2. 湖沼・干潟／野付半島（6月）
3. 約84cm
4. 同色
5. ♥

Special Point ユーラシア大陸系の鳥ですが、ごくまれに迷鳥として湖沼などに渡来します。体の上面は灰褐色で、首に細い縦じまがあり、下面は淡色で細かい横じま模様があります。くちばしと足は橙色です。

マガン カモ科 *Anser albifrons*

Natural View
1. 旅
2. 湖沼／宮島沼（10月）
3. 約70cm
4. 同色
5. 準絶 天 ✿

Special Point シベリア北東部の繁殖地と、伊豆沼など越冬地間の中継地の宮島沼で、春と秋に約2万羽ほど見られます。体は全体的に灰褐色で腹に黒い斑があります。くちばしと足は橙色で、くちばしのつけ根は白色です。カハンカハンなどとよく鳴き、沼の周辺で落穂などを食べています。

カリガネ カモ科 *Anser erythropus*

Natural View
1. 旅
2. 湖沼／宮島沼（10月）
3. 約60cm
4. 同色
5.

Special Point マガンの群れに交ざり、まれに渡りのとき湖沼などで見られます。体は灰褐色で下面に細かい横斑と黒斑が見られ、目に黄色の環があります。くちばしの基部の白色部は頭頂の方に延びています。湖沼周辺の耕地で落穂などを食べています。

ヒシクイ カモ科 *Anser fabalis*

Natural View
1. 旅
2. 湖沼・草地／ウトナイ湖（4月）
3. 約85cm
4. 同色
5. 絶危 天

Special Point 春は伊豆沼などから、秋はシベリア方面からトウフツ湖などと周辺草地などに渡来し、さらに移動していきます。体は全体的に暗褐色で、黒いくちばしの中ほどは橙色です。足もオレンジ色です。グァングァンなどと鳴き、落穂や発芽植物などを食べます。少し大形（全長約1m）の亜種**オオヒシクイ**は、秋に宮島沼などから本州の日本海側へ移動します。

ハクガン　カモ科　　　　　　　　　　　　　　　　　　　　*Anser caerulescens*

Natural View
1. 旅
2. 湖沼周辺の草地・耕地／浦幌町（11月）
3. 約70cm
4. 同色
5. 情不

Special Point 北米大陸に多く生息する鳥で、昔は日本に多数渡来したようですが、現在はマガンなどに交ざり1、2羽渡来する程度です。体全体が白色で、初列風切羽だけが黒く、くちばしと足は橙色です。

サカツラガン　カモ科　　　　　　　　　　　　　　　　　　　*Anser cygnoides*

Natural View
1. 旅
2. 湖沼・耕地・干潟／別海町（10月）
3. 約87cm
4. 同色
5. 情不

Special Point 中国とロシアの国境方面で繁殖し、昔は日本にもかなり渡来したようですが、近年はまれです。体は暗赤褐色で首の前面は白っぽく、後面は茶褐色、腹は白色です。くちばしは黒く基部に白線があり、足は橙色です。

コブハクチョウ カモ科 *Cygnus olor*

Natural View

1. 留
2. 南部の湖沼／ウトナイ湖（5月）
3. 約1.5m
4. 同色
5.

Special Point ヨーロッパに分布する鳥で、外来種ですが野生化してウトナイ湖などに生息しています。体は白色でくちばしが橙色、額に黒い突起があり足は黒色です。悠然と泳ぎ、湖の中州に大きい巣をつくって繁殖しています。

オオハクチョウ カモ科 *Cygnus cygnus*

Natural View

1. 冬
2. 不凍結の湖沼・河口／苫小牧市（10月）
3. 約1.4m
4. 同色
5.

Special Point 秋にシベリア方面からトウフツ湖に多数渡来し、一部は不凍結の河口や湖沼などで越冬し、多数はさらに南下していきます。全身白色で首が長く、くちばしの黄色部が大きく目立ちます。足は黒色です。コォーコォーと鳴き、勢いよく水面を滑走し、隊列を組んで飛行します。給餌がなされていますがマコモの根などを食べます。

119

コハクチョウ　カモ科　　　　　　　　　　　*Cygnus columbianus*

Natural View

1. 冬
2. 湖沼・河口／宮島沼（4月）
3. 約1.2m
4. 同色
5.

Special Point　秋にシベリア北部方面からクッチャロ湖に多数渡来し、さらに本州方面へ南下します。体は全身白色で、くちばしの黒色部は目の間まで延びています。黄色部は黒色部より小さいです。足は黒色です。コオーコオーと鳴き、編隊飛行し、マコモの根などを食べます。

コハクチョウ（アメリカコハクチョウ）　カモ科　*Cygnus columbianus*

Natural View

1. 迷
2. 湖沼・河口／端野町（10月）
3. 約1.35m
4. 同色
5.

Special Point　コハクチョウの一亜種で北米北岸に分布します。迷鳥としてハクチョウに交じり1羽ほど渡来します。全身白色でくちばしが全部黒く、目の前に微小な黄色斑があります。ハクチョウと行動を共にし、さらに南下する場合が多く見られます。

ツクシガモ カモ科 *Tadorna tadorna*

Natural View
1. 冬
2. 干潟・湖沼の浅瀬／道外（3月）
3. 約63cm
4. ♂
5. 絶危

Special Point ユーラシア大陸中央から南部方面に分布し、日本では有明海方面に渡来する鳥で、北海道ではコムケ湖などでまれに見られています。体全体は白色で頭は青色、胸から背に赤褐色の帯、胸から腹と、肩から尾にかけて黒く太い条斑があり、雄は夏に紅色の上くちばしの根元にコブ状の突起ができます。

オシドリ カモ科 *Aix galericulata*

Natural View
1. 夏
2. 山間の池沼・川／札幌市（4月）
3. 約45cm
4. 左♂・右♀
5.

Special Point 早春に南方から樹木の茂る池沼や川などに渡来して生息します。雄は色彩豊かで雌は地味です。雄の背の後ろのオレンジ色の扇形の羽は三列風切の外側の羽で、銀杏羽といわれています。雄のエクリプスと雌の体色は似ていますが、雄のくちばしは紅色です。クエッなどと鳴き、ドングリなどを好み、泳いだり木の枝にとまったりします。

マガモ カモ科 *Anas platyrhynchos*

Natural View
1. 留
2. 湖沼・河川／札幌市（1月）
3. 約60cm
4. 左♂・右♀
5. 🌸

Special Point 各地の河川や湖沼などで多く見られます。雄は頭・首が黒緑色、背は茶色っぽく、白い首輪模様があり、くちばしは黄色です。下面胸が赤紫色で、他は灰白色、青色の翼鏡があります。雌は褐色で地味です。夜も見え、グェーグェーと鳴き、逆立ちして水草などを食べます。

カルガモ カモ科 *Anas poecilorhyncha*

Natural View
1. 留
2. 湖沼・河川・湿地／門別町（9月）
3. 約60cm
4. 同色
5. 🌸

Special Point 少数越冬しますが、春に南方から湖沼や河川・湿地などに多数渡来して生息します。体は黒褐色で淡色の顔に白い眉斑、黒い過眼線があり、黒いくちばしの先は黄色です。足は紅色で、翼鏡は青く見えます。グエッグエッと鳴き、湿地の草の種子、小動物などを食べ、水辺の草むらに巣をつくります。

コガモ カモ科 *Anas crecca*

Natural View
1. 冬
2. 湖沼・川・湿地／札幌市（12月）
3. 約38cm
4. 前♂・後♀
5. 🌸

Special Point 冬に北方から湖沼や川・湿地などに多数渡来して生息します。雄の頭は栗色で目の後方に緑色斑があり、背と側面は灰色っぽく、胸から脇にかけて灰褐色の砂状模様が見え、肩に白条、下尾筒に黄色斑があります。雌は灰褐色で地味です。ピリッピリッと鳴き、草の種子などを食べます。亜種アメリカコガモは肩から縦に白条が見られます。

ヨシガモ カモ科 *Anas falcata*

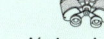

Natural View
1. 留
2. 湖沼・河川／苫小牧市（2月）
3. 約50cm
4. ♂
5. 🌸

Special Point 留鳥は少数で主に冬、シベリア方面から渡来し、一部は不凍結の河川などでほかのカモ類と越冬しています。雄の頭は栗色、側頭部は緑色、白い首に黒い輪があり、体に淡灰褐色の細かい砂状の斑、黄色の下尾筒に三列風切羽が美しくかぶさって見えます。雌は地味な褐色です。ホーイなどと鳴き、水生昆虫や草の種子などを食べます。

オカヨシガモ　カモ科　　　　　　　　　　　　　*Anas strepera*

Natural View
1. 夏
2. 湖沼／網走湖（11月）
3. 約50cm
4. 左♂・右♀
5. ♥

Special Point　夏に少数ですが道東のトウフツ湖などに生息しています。雄の体は灰褐色で細かい砂状の斑があり、くちばしと尾は黒色です。雌の体は褐色味があり、くちばしは橙色で上側は黒色です。翼鏡は雌雄とも白色です。よく泳ぎ、草の種子などを食べます。

ヒドリガモ　カモ科　　　　　　　　　　　　　*Anas penelope*

Natural View
1. 冬
2. 港湾・湖沼・河川／苫小牧市（4月）
3. 約50cm
4. 左♂・右♀
5. ❀

Special Point　秋にシベリア方面から多数群れをなして港湾や湖沼・河口などに渡来し、さらに南下したりします。雄は頭部が栗色で白い頭央線があり、胸に褐色味があり体は灰色っぽく見えます。雌は全体的に赤褐色です。雌雄とも腹は白く灰色のくちばしの先は黒色です。ピューピューと鳴き、よく逆立ちして水草などを食べます。

アメリカヒドリ カモ科 *Anas americana*

Natural View
1. 旅
2. 不凍結の池沼・川／苫小牧市（1月）
3. 約48cm
4. 右♂（左はオナガガモの♀）
5. 🌸

Special Point 北米に分布する鳥で、冬季に不凍結の河川などへまれに渡来して、ほかのヒドリガモなどのカモ類と越冬しています。雄は全体的に灰赤褐色、顔は灰紫色で、白い頭央線に沿って目から緑色の帯が走り、胸はブドウ色、下面は白色です。雌の体上面は灰赤褐色です。

オナガガモ カモ科 *Anas acuta*

Natural View
1. 冬
2. 河川・湖沼・港湾／石狩市（3月）
3. ♂75cm ♀53cm
4. 前♂・後♀
5. 🌸

Special Point 不凍結の水辺では冬も見られますが、春に南方から群れをなして湖沼や河川・港湾などを通過し北上します。雄は頭が茶褐色で長い首に白の縦じま模様があり、体は灰褐色で尾が長いのが目立ちます。雌は地味な暗褐色です。雌雄とも緑色の翼鏡をもちます。ピリッピリッと鳴き、水面で逆立ちして水草や藻などを食べています。

シマアジ カモ科　　　　　　　　　　　　　　　　　　*Anas querquedula*

Natural View
1. 旅
2. 海辺・湖沼／
   苫小牧市（5月）
   左下・苫小牧市
   （6月）
3. 約38cm
4. ♀・左下♂
5. ♥

Special Point アジア大陸系の鳥ですが、ごく少数がまれに通過中のものが海辺などに見られます。雄の体は灰色味があり頭胸部が赤紫褐色で白い眉斑があり、脇は白地に細かい波模様があり、腹は白色です。雌は全体的に茶褐色です。ギリギリなどと鳴き、草の種子や藻などを食べます。

ハシビロガモ カモ科　　　　　　　　　　　　　　　　　　*Anas clypeata*

Natural View
1. 冬
2. 湖沼・河川・港湾／
   苫小牧市（1月）
3. 約50cm
4. 前♂・後♀
5. ♣

Special Point 主に秋にシベリア方面から渡来し、一部が越冬し多数はさらに南下します。雄の頭は青く、背は黒色です。下面の胸は白く脇や腹は赤褐色です。目は黄色でくちばしは平たく大きいのが目立ちます。雌は淡茶褐色で小黒斑があります。クエッなどと鳴き、水面のプランクトンなどを吸いとっています。

ホシハジロ カモ科 *Aythya ferina*

Natural View
1. 冬
2. 湖沼・港湾／苫小牧市（11月）
3. 約45cm
4. 中央♂・両側♀
5. ✿

Special Point 主に冬に北方から渡来して、港湾や湖沼などで越冬します。雄の頭と首は赤褐色で胸は黒く、上下面灰白色です。くちばしは黒っぽく目は褐色です。雌は全体的に灰褐色で目は褐色です。潜水して小魚や海草などを食べます。似ていて体の大きいオオホシハジロも、まれに見られます。

クビワキンクロ カモ科 *Aythya collaris*

Natural View
1. 迷
2. 河口・湖沼・港湾／斜里町（2月）
3. 約40cm
4. ♂
5. ●

Special Point 北米大陸に分布するカモですが、冬季に迷鳥としてごくまれに河口などへ飛来します。体の上面と胸は緑黒色に見え、腹と脇は灰白色で、脇の前から肩にかけては白色です。目は橙黄色でごく短い冠羽があり、青灰色で先が黒いくちばしの先近くと根元は白色です。雌は全体的に褐色味があり、目から淡い白線が走っています。

カモ科

127

キンクロハジロ カモ科 *Aythya fuligula*

Natural View
1. 冬
2. 港湾・不凍結の河川・湖沼／苫小牧市（4月）
3. 約40cm
4. ♂
5. ❀

Special Point 冬にシベリア方面から多数渡来し、港湾や不凍結の水辺に生息します。雄は全体的につやのある黒色で、頭に紫色味があり、腹と脇は白色、くちばしは灰青色で先が黒色です。黄色の目と冠羽が目立ちます。雌は黒褐色で冠羽は短いので見分けられます。クルルとかフイーなどと鳴き、潜水して貝などを食べます。

スズガモ カモ科 *Aythya marila*

Natural View
1. 冬
2. 内湾・浅瀬・河口／石狩市（1月）
3. 約44cm
4. 左♀・右♂
5. ❀

Special Point 冬にシベリア方面から南下してきて、貝などのいる砂泥地の港湾や湖沼・河口などに生息します。雄の頭と胸は黒く、背は灰色で腹と脇は白色です。雌は全体的に黒褐色で腹は白色です。くちばしは灰色で雌のくちばしの基部は白色です。潜水して貝や藻などを食べます。

コケワタガモ カモ科 *Polysticta stelleri*

Natural View
1. 冬
2. 道東の岩礁の多い沿岸／えりも町（2月）
3. 約45cm
4. 左♀・右♂
5. ♥

Special Point 極北方面に分布する鳥ですが、冬季に南下してきて、ごくまれに納沙布岬など沿岸部で見られます。雄の頭部は白く、目の前と後頭に黒斑があります。白っぽい上面は黒い背や尾と白黒のしまをなす羽からなり、下面は橙色で胸の横に黒斑があります。雌は全体的に褐色で翼に2白条があります。

クロガモ カモ科 *Melanitta nigra*

Natural View
1. 冬
2. 海上・港湾／苫小牧市（4月）
3. 約48cm
4. 前♂・後♀
5. ❀

Special Point 冬にシベリア方面から多数南下してきて、沿岸海上や港湾などに生息します。雄は体が黒く、黒いくちばしの上くちばしの基部は橙色で太く、雌の体は暗褐色で頬から喉が淡い白色です。ピーピーなどと鳴き、潜水して貝などを食べます。

ビロードキンクロ カモ科 *Melanitta fusca*

Natural View

1. 冬
2. 近海の海上・港湾／苫小牧市（2月）左下・参考のため掲載
3. 約55cm
4. ♂
5. 🦶

Special Point 冬にシベリア方面から南下してきて、クロガモほど多くはありませんが近海の海上などで見られます。雄は全身が黒く、くちばしは赤くて、つけ根に突起があり、目に半月斑があります。翼鏡は白色です。雌は黒褐色で頬に淡い白斑が2つあります。潜水して貝などを食べます。アラナミキンクロは似ていますが、目に半月斑がなく、くちばしの基部に白とオレンジ色の丸い斑があります。

シノリガモ カモ科 *Histrionicus histrionicus*

Natural View

1. 冬
2. 海辺の岩場・港湾／小樽市（3月）
3. 約43cm
4. 左♂・右♀
5. 🦶

Special Point 主に冬にシベリア方面から南下してきて、岩の多い磯辺や港湾部などに生息しています。雄の体は青紫色で、額・頭・首・肩・背面などに多くの白斑があり、頭頂と体側面に赤褐色の斑が目立ちます。雌はくすんだ褐色で、顔に白斑があります。

コオリガモ カモ科 *Clangula hyemalis*

Natural View
1. 冬
2. 港湾・河口／
   苫小牧市（12月）
   左下・根室市
   （2月）
3. ♂約60cm ♀約40cm
4. ♂・左下♀
5. 🐾

Special Point 冬に極北の地から南下してきて、近海の海上や港湾などに生息しています。白っぽい鳥で雄は頬の後ろや胸から背、背から尾・翼が黒く、その他は白色です。黒いくちばしの中ほどは黄色です。雌は尾が短く、くちばしは全部黒く体は暗褐色です。アオーナなどと鳴き、潜水して小魚などを捕食します。

ホオジロガモ カモ科 *Bucephala clangula*

Natural View
1. 冬
2. 港湾・河川・湖沼／
   苫小牧市（2月）
   左下・苫小牧市
   （2月）
3. 約45cm
4. ♂・左下♀
5. 🌸

Special Point 冬にシベリア方面から南下してきて、港湾や河川・湖沼などに生息します。雄は頭が青黒く背が黒く光沢があり、頬に白斑があります。下面は白く目は黄色です。雌の頭は褐色で体は灰褐色、首に白い輪があり、下面は白く、黒いくちばしの先近くは黄色です。

131

ヒメハジロ カモ科 *Bucephala albeola*

Natural View

1. 迷
2. 道東の海上・港湾／斜里町（1月）
3. 約35cm
4. ♂
5. ♥

Special Point 北米に分布する鳥ですが、冬に迷鳥としてごくまれに道東の港湾や海上などへ渡来します。雄は頭部から上面が緑色味のある黒色、下面は白く後頭に白斑があります。雌は全体が灰褐色で、目の下後方に斑があります。よく潜水します。

ミコアイサ カモ科 *Mergus albellus*

Natural View

1. 冬
2. 広い河口・湖沼／札幌市（3月）
3. 約42cm
4. 左♂・右♀
5. 🌸

Special Point 主に冬にシベリア方面から南下してきて、広い河口近辺の池沼などに生息します。雄の体は白色で、目の周りと後頭に黒斑、体に大形の黒しま模様があり、また冠羽もあります。雌は暗褐色で頭部は赤褐色、頬は白色で下面は灰色です。潜水して小魚を捕食します。

ウミアイサ カモ科　　　　　　　　　　　　　　　　　　　　　*Mergus serrator*

Natural View

1. 冬
2. 入江・港湾・河口／石狩市（4月）
3. ♂約60cm ♀約52cm
4. 左♀・右♂
5.

Special Point 冬にシベリア方面から南下してきて、近海の入江や港湾・河口部などに生息します。雄の頭と冠羽は緑黒色で背は黒く、首と翼の一部は白色です。目とくちばしは橙赤色、胸は褐色味があり下面は白色です。雌の頭と首は茶色で冠羽があり、体は淡灰褐色です。潜水して魚を捕食します。

カワアイサ カモ科　　　　　　　　　　　　　　　　　　　　　*Mergus merganser*

Natural View

1. 冬
2. 河川・湖沼／静内町（3月）左下・静内町（6月）
3. ♂約70cm ♀約60cm
4. ♀・左下♂
5.

Special Point 主に冬にシベリア方面から南下してきて、河川や湖沼などに生息します。雄の襟から上は緑黒色、背は黒くて首から下面は白色です。雌は襟から上が茶褐色、首が白く、体が灰青色で冠羽があります。くちばしは雌雄とも橙色で、潜水して魚を捕食します。

133

タンチョウ ツル科 *Grus japonensis*

Natural View
1. 留
2. 広い湿原・原野地／浦幌町（11月）
3. 約1.4m
4. 同色
5. 絶危 特

Special Point 東部の広大な水辺の多い湿原・原野などに生息しています。体は白色で首と三列風切（尾のように見えます）が黒く、頭頂は赤色です。クルルと鳴き、浅い水辺をゆっくり歩き、ドジョウなどを食べ地面に巣をつくります。かつて10数羽に減少し、現在（平成10年）給餌などで600羽ほどの生息と推定されています。

ナベヅル ツル科 *Grus monacha*

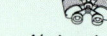

Natural View
1. 迷
2. 草地・田畑・河川敷／苫小牧市（11月）
3. 約95cm
4. 同色
5. 絶危

Special Point 大陸方面から冬季に九州の出水平野などに渡来し越冬しますが、まれに迷鳥として草地などに渡来します。体は灰黒色で顔から首は白く、額に黒斑があり頭頂は赤く足は黒色です。クルルーなどと鳴き、草の芽や昆虫などを食べます。

カナダヅル　ツル科　　　　　　　　　　　　　　　　　　　　*Grus canadensis*

Natural View
1. 迷
2. 田畑・原野／苫小牧市（3月）
3. 約1m
4. 同色
5. 　

Special Point　主に北米に分布しますが、冬季に迷鳥としてまれに田畑や原野などに渡来します。体は灰褐色で目から首は白っぽく、風切羽は黒色です。額は赤く、くちばしと足は黒色です。地面で昆虫などの餌を採食します。

マナヅル　ツル科　　　　　　　　　　　　　　　　　　　　　*Grus vipio*

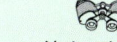

Natural View
1. 迷
2. 田畑・湿地・草地／道外（1月）
3. 約1.25m
4. 同色
5. 絶危

Special Point　冬に大陸から九州の出水平野などに渡来し越冬しますが、ごくまれに迷鳥として田畑などに渡来します。頭と首は白くほかは灰黒色です。目の周りに黒枠のある赤色斑があり、くちばしは黄色で足は淡紅色です。クルルなどと鳴き、穀物や水辺の小動物などを食べます。

ソデグロヅル　ツル科　*Grus leucogeranus*

Natural View
1. 旅
2. 湿地・田畑／木古内町（11月）
3. 1.35m
4. 同色
5. ♥

Special Point 冬季にシベリア方面から南下してきたものと推定され、ごくまれに見られることがあります。体全体が白く見え、顔は赤く、くちばしは暗橙色、足は淡紅色に見えます。また三列風切が尾のように見えます。草の根などを食べます。

アネハヅル　ツル科　*Anthropoides virgo*

Natural View
1. 迷
2. 平地の草原・牧草地／広尾町（7月）
3. 約93cm
4. 同色
5. ♥

Special Point ユーラシア大陸の内陸部に分布し、ごくまれに迷鳥として牧草地などに渡来します。体は淡灰青色、頭から胸まで黒く、目の周辺から白く長い冠羽が出ています。くちばしは黄色で足は黒色です。

クイナ クイナ科 *Rallus aquaticus*

Natural View
1. 夏
2. 水草茂る湖沼畔・湿原／道外（12月）
3. 約30cm
4. 同色
5. 🐾

Special Point 初夏の頃南方から渡来して、水草の茂る沼沢地や湿原などに生息します。体の上面は褐色の地に黒い縦斑があり黒褐色に見え、下面は胸が灰色っぽく、腹部に白と黒の横じまがあります。キョッ、キョッなどと鳴き、すぐ茂みに隠れ人目につきづらい鳥です。水辺で昆虫などを食べ草の株に巣をつくります。体が小さく（L約22cm）て赤く見える**ヒクイナ**や、さらに小さくて（L約18cm）褐色の背に小白斑のある**ヒメクイナ**などもまれに見られます。

バン クイナ科 *Gallinula chloropus*

Natural View
1. 夏
2. 水草茂る湖沼／北檜山町（7月）
3. 約33cm
4. 同色
5. 🐾

Special Point 初夏の頃東南アジア方面から渡来して、水草が茂る湖沼などに生息します。体は頭から胸が灰黒色、上面は暗褐色で下面も黒っぽく見えます。額とくちばしは赤色で、くちばしの先は黄色です。脇腹と尾に白色部があります。クルル、クルルなどと鳴き、水草や水生昆虫などを食べます。

137

オオバン クイナ科 *Fulica atra*

Natural View
1. 夏
2. 水草茂る広い湖沼／札幌市（11月）
3. 約38cm
4. 同色
5.

Special Point 初夏の頃南方から水草が茂る広い湖沼などに渡来して生息しています。全身黒色で、くちばしと額が白色です。指にはひれがあり、よく泳ぎ、水草や水生昆虫などを食べ、アシの茂みの中に巣をつくります。

ミヤコドリ ミヤコドリ科 *Haematopus ostralegus*

Natural View
1. 旅
2. 河口の砂浜・岩礁・湖沼／コムケ湖（9月）
3. 約45cm
4. 同色
5.

Special Point 秋に北方からオホーツク海沿岸の河口や湖沼などに渡来し、さらに南下していきますが、たいへん珍しい鳥です。体の上面は黒く下面は白色ですが、尾の先端は黒色です。目とくちばしは紅色、足は淡紅色です。浜辺の貝など小動物を捕食します。

ハジロコチドリ チドリ科 *Charadrius hiaticula*

Natural View
1. 旅
2. 干潟・河口の砂泥地／稚内市（10月）
3. 約20cm
4. 同色 写真は亜成鳥
5. ♥

Special Point ユーラシア大陸北岸からアフリカへ渡る鳥ですが、ごくまれに河口の砂泥地や干潟などで見られます。体の上面は黒褐色で下面は白く、前頭と胸に黒い帯があります。くちばしは冬は黒く、夏は基部が橙黄色になります。足も橙黄色です。ゴカイなどを捕食します。

コチドリ チドリ科 *Charadrius dubius*

Natural View
1. 夏
2. 河原・湖畔などの砂れき地／石狩市（4月）
3. 約15cm
4. 同色
5. ♣

Special Point 初夏の頃南方から渡来し、河原や湖畔の砂れき地などに生息します。体の上面は灰褐色、下面は白色で、前頭と胸に黒い帯があり、足は黄色で目の周りに黄色のアイリングがあります。ピヨピヨピゥーなどと鳴き、地面で餌を捕り、地上の窪みに巣をつくります。

シロチドリ チドリ科　　　*Charadrius alexandrinus*

Natural View
1. 夏
2. 海辺・河口の砂浜／
   鵡川町（10月）
   左下・小樽市
   （4月）
3. 約17cm
4. ♂・左下♀
5.

Special Point 初夏の頃南方から渡来し、海辺の砂浜などに生息しています。雄の夏羽の体上面は灰褐色で、額・眉斑が白く、額の上と過眼線は黒色です。胸の帯も黒く中央で切れていますが、雌はこの黒い部分が褐色です。喉・体の下面は白色です。ピュルなどと鳴き、ジグザグに速く歩き、ゴカイなどを捕食します。

メダイチドリ チドリ科　　　*Charadrius mongolus*

Natural View
1. 旅
2. 砂泥の干潟・砂浜／
   鵡川町（9月）
   左下・鵡川町（5月）
3. 約20cm
4. 同色 夏羽の残る冬羽
   左下　夏羽
5.

Special Point 秋にシベリア方面から南下の途中、砂浜や砂泥の干潟などで見られます。雄の体の上面は灰褐色で、夏は胸が赤褐色で黒線があり、雌は淡色で黒線はありません。冬は灰褐色になります。腹は白く足は黒色です。クリリなどと鳴き、ゴカイや昆虫などを捕食します。**オオメダイチドリ**は大きく、雄の夏の胸のオレンジ色は淡色で、縁に黒い条もありません。

ムナグロ チドリ科 *Pluvialis dominica*

Natural View
1. 旅
2. 砂浜・干潟・湖畔／鵡川町（8月）
3. 約24cm
4. 同色
5.

Special Point 北極圏と赤道の間を渡る春と秋に、砂浜や沿岸の干潟・水辺などで見られます。体の上面には黄色と黒の小斑があり、下面は淡色です。夏羽では顔から腹まで黒く、背面との間に白い縦じまができ、冬には消えます。くちばしは細めです。キュビョーなどと鳴き、浜辺の小動物を食べます。

ダイゼン チドリ科 *Pluvialis squatarola*

Natural View
1. 旅
2. 砂泥地の河口・干潟／コムケ湖（8月）
3. 約27cm
4. 同色
5.

Special Point 北極圏と赤道の間の渡りの途中の春と秋に、砂泥地の河口や干潟などで見られます。体の上面は小白斑と小黒斑が交ざって白っぽく見え、下面は、夏には顔から胸の下まで黒と白の大きな縦じまができます。冬には消え淡褐色になります。ピーウーピーウーと甲高い声を出し、砂泥上でゴカイなどを捕食します。

ケリ　チドリ科　　　　　　　　　　　　　　　　*Vanellus cinereus*

Natural View
1. 迷
2. 河原・田地・草地／道外（7月）
3. 約36cm
4. 同色
5. 　

Special Point　本州では水田・河原などでまれに見られるようですが、北海道では迷鳥として道南に渡来したことのある珍しい鳥です。頭と首は灰色、背面は茶褐色、胸と腹は白く胸に黒色横斑があります。黄色のくちばしの先は黒く足は黄色です。ケケッなどと鳴き、昆虫などを食べます。

タゲリ　チドリ科　　　　　　　　　　　　　　　　*Vanellus vanellus*

Natural View
1. 旅
2. 水田・湿地・水辺／道外（2月）
3. 約30cm
4. 同色
5. 　

Special Point　主に冬鳥としてユーラシア内陸方面から本州西部方面に来て越冬していますが、北海道では湿地や河川の水辺にまれに渡来します。体の上面は灰緑色で肩に赤味があります。喉と腹と肩は白く、胸には黒い横帯があり、黒い冠羽はよく目立ちます。ミューと鳴き、水生昆虫などを食べます。

キョウジョシギ シギ科 *Arenaria interpres*

Natural View
1. 旅
2. 磯辺の岩・干潟／鵡川町（5月）
3. 約23cm
4. ♂
5. ●

Special Point 北極圏からオーストラリアまでも移動する鳥で、通過の途中春などに、磯辺の岩で群れたりしています。体の上面は茶・白・黒色のまだら模様、下面は胸部が黒くほかは白色、くちばしは黒く足は赤色です。ギョッ、ギョッなどと鳴き、海岸の小動物を食べます。

トウネン シギ科 *Calidris ruficollis*

Natural View
1. 旅
2. 砂浜・干潟・河口の砂泥地／鵡川町（5月）
3. 約15cm
4. 同色
5. ✿

Special Point 小さい体で北極圏からオーストラリアまで渡っていく鳥で、砂浜や干潟などで見られます。夏羽は頭・首・胸が赤褐色、背面は褐色で腹は白色、くちばしと足は黒色です。冬羽は上面が灰褐色で下面は白色になります。チュリッ、チュリッなどと鳴き、群れをなして砂泥のゴカイなどを食べます。

143

オジロトウネン　シギ科　　　　　　　　　　　　　　*Calidris temmickii*

Natural View
1. 旅
2. 河口の砂泥地・池沼畔／鵡川町（8月）
3. 約15cm
4. 同色
5. ・

Special Point　渡りのときにトウネンなどの群れとともに、低湿な砂泥地などでごくまれに見られます。冬羽の体上面は暗灰褐色で、頭や胸は淡黒褐色、下面は白色です。夏羽では頭が灰褐色、胸には黒褐色の縦斑があり、体の上面は黒色と赤褐色の斑が交ざり暗褐色に見えます。足は黄緑色です。ゴカイなどを食べます。

ヒバリシギ　シギ科　　　　　　　　　　　　　　*Calidris subminuta*

Natural View
1. 旅
2. 湖沼などの湿地／トウフツ湖（9月）
3. 約15cm
4. 同色
5. ・

Special Point　秋にシベリア方面から渡来して、湖沼畔や河畔などの湿った草原などで見かけます。夏羽の体の上面は茶褐色、橙色の縁をもつ黒斑が見えます。下面は白っぽく胸に黒褐色の縦斑があります。肩羽の上列と背の間に白いV字模様があります。冬羽は灰色味を増します。白色の眉斑があります。すぐ草むらに隠れてしまいます。

アメリカウズラシギ シギ科 *Calidris melanotos*

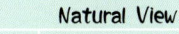

Natural View
1. 旅
2. 湖畔・河口の岸辺／トウフツ湖（9月）
3. 約21cm
4. 同色
5. ♥

Special Point 北極圏方面で繁殖する鳥ですが、まれな旅鳥として湖畔や河口の岸辺などで見られます。体の上面は淡褐色の縁をもつ黒斑が多数あり、黒褐色です。首から胸にかけてこげ茶色の小縦斑があり、白い腹部に続きますが、この境目がはっきりしています。くちばしは黒く下に湾曲し、足は黄緑色です。

ウズラシギ シギ科 *Calidris acuminata*

Natural View
1. 旅
2. 河口・湖沼・水田／道外（5月）
3. 約20cm
4. 同色
5. ♥

Special Point 旅鳥として春と秋に河口や湖沼・水田などの水辺に渡来して、さらに移動します。体の上面は赤褐色に見えますが、白色と赤褐色の縁をもつ黒色斑のうろこ斑からなっています。白い眉斑があります。胸には黒い縦斑がありますが赤っぽく見えます。冬は灰褐色になります。ピリッなどと鳴き、昆虫などを食べます。

ハマシギ シギ科 *Calidris alpina*

Natural View
1. 旅
2. 河口の砂泥地・干潟／鵡川町（5月）
3. 約20cm
4. 同色
5. ✿

Special Point 5月頃に南方からシベリア方面へ北上中のものが、砂泥地の干潟などでよく見られます。夏羽の上面は赤褐色で小黒斑も見えます。下面は白地に胸に小縦斑、腹に大きい黒斑があります。くちばしは大きくて下に湾曲し、足は黒色です。冬羽は灰色味があり、腹は白色です。ピリーなどと鳴き、ゴカイなどを捕食します。

サルハマシギ シギ科 *Calidris ferruginea*

Natural View
1. 旅
2. 河口の砂泥地・干潟／鵡川町（5月）
3. 約20cm
4. 同色
5. ♥

Special Point 春に南方から北極圏方面へ北上中のものが、河口の砂泥地や干潟などでごくまれに見られます。夏羽の上面は黒・赤・褐・灰色などのまだらですが橙赤褐色に見え、胸は赤褐色で腹は白色、全体として美しい鳥です。冬羽では赤褐色味がなく灰色っぽくなります。くちばしは細く下に湾曲しています。ピリーなどと鳴き、ゴカイなどを食べます。

コオバシギ シギ科 *Calidris canutus*

Natural View
1. 旅
2. 河口・干潟の浅瀬／トウフツ湖（9月）
3. 約25cm
4. 同色
5. ♥

Special Point 赤道方面とはるか北極圏との渡りの途中、河口や干潟の砂浜・浅瀬などに見られます。夏羽は赤褐色ですが、上面に黒斑と褐色斑もあり、顔から腹は褐色で下腹は白色です。冬羽は赤味がなく、白い羽縁をもつ羽は、なめらかな感じで灰色っぽくなります。くちばしは黒く足は黄色っぽく見えます。浅瀬を歩きゴカイなどを捕食します。

オバシギ シギ科 *Calidris tenuirostris*

Natural View
1. 旅
2. 河口・干潟の浅瀬／稚内市（5月）
3. 約27cm
4. 同色
5. ♥♥

Special Point シベリアと東南アジアへの渡りの途中に、春と秋に河口などで見られます。夏羽の体の上面には白いへりをもつ黒褐色の斑と肩に赤褐色の斑があります。下面は胸と脇に黒斑があり腹は白色です。冬羽の上面は灰色っぽくなります。足はオリーブ色です。干潟の小動物を捕食します。

ミユビシギ シギ科 *Crocethia alba*

Natural View
1. 旅
2. 海辺の砂浜／石狩市（9月）
3. 約20cm
4. 同色
5.

Special Point 旅鳥として春と秋に渡り中のものが、海辺の砂浜などで見られます。夏羽は胸から上と背面が赤褐色で黒斑があり、下面は白色です。冬羽は上面が灰色っぽく下面は白色で、肩に黒斑があります。後指はなく、クリーッなどと鳴き、波打ちぎわで波の動きに合わせて歩き、トビムシなども食べます。

ヘラシギ シギ科 *Eurynorhynchus pygmeus*

Natural View
1. 旅
2. 河口の砂浜・干潟／稚内市（9月）
3. 約15cm
4. 同色
5. 絶危

Special Point 秋にシベリア方面から南方へ渡りの途中、河口の砂浜や干潟などを通過します。夏羽の上面は橙色の縁をもつ黒斑があり、顔や胸は赤褐色で、眉斑と下面は白色です。冬羽の上面は灰褐色になり、下面は白色です。くちばしは黒くへら状です。砂浜の甲殻類などを食べます。

エリマキシギ シギ科　　　　　　　　　　　*Philomachus pugnax*

Natural View

1. 旅
2. 海岸近くの湖沼・池／サロベツ原野（6月）左下・ウトナイ湖（4月）
3. ♂約33cm ♀約26cm
4. ♂ 夏羽 左下♀
5. ♥♥

Special Point 北極圏からアフリカ方面に多く分布しますが、春と秋に旅鳥として移動中のものが、海岸近くの湖沼や池などの水辺で見られます。灰褐色で大きなうろこ斑のある鳥です。夏の雄の首にいろいろな飾り羽があり、冬には消え雌雄ほぼ同色になりますが、雌の方は首・胸に黒褐色の斑があります。腹は白色です。クェーなどと鳴き、水辺の水生昆虫などを食べます。

コモンシギ シギ科　　　　　　　　　　　*Tryngites subruficollis*

Natural View

1. 迷
2. 河口近辺の牧草地／鵡川町（9月）
3. 約20cm
4. 同色
5. ♥

Special Point アメリカ大陸方面に分布する鳥で、ごくまれに迷鳥として河口近辺の牧草地などに渡来しています。体の上面は黄褐色の地に黒色のうろこ状斑があり、下面は淡黄褐色です。目の縁は白、肩に小黒斑があり、くちばしは黒く足は橙色です。

チシマシギ シギ科 *Calidris ptilocnemis*

Natural View
1. 冬
2. 太平洋沿岸の磯の岩場など／道外（6月）
3. 約20cm
4. 同色　夏羽
5. 絶危

Special Point 北太平洋沿岸やベーリング海方面に分布する鳥で、冬鳥として少数が北海道東部、太平洋岸の磯辺の岩場や岩礁地に渡来します。冬羽の上面は灰黒色ですが、淡い羽縁があります。下面は白く、胸と脇に黒い縦斑があります。黒いくちばしの基部に黄色味があり、足は黄緑褐色です。夏羽では赤褐色味が加わり、胸には大きい黒斑ができます。

キリアイ シギ科 *Limicola falcinellus*

Natural View
1. 旅
2. 河口の干潟・海辺／鵡川町（9月）
3. 約17cm
4. 同色
5.

Special Point 秋にはシベリア方面から南下途中のものが、ごくまれに河口の干潟や海辺の近くの湿地などで見られます。夏羽の体上面には白と茶の羽縁をもつ黒斑があり、下面は白色、背にV字形の白条があります。冬羽は灰色味を増します。大きなくちばしは下に湾曲して黒く、足も黒色です。胸に縦斑があり、白い眉斑はふたまた状です。ピューウなどと鳴き、ゴカイなどを食べます。

ヒメハマシギ シギ科 *Calidris mauri*

Natural View
1. 迷
2. 入江の砂浜・干潟／石狩市（9月）
3. 約15cm
4. 同色
5. ♥♥

Special Point アラスカから北米方面に分布する鳥で、ごくまれに入江の砂浜や干潟などに渡来します。夏羽の上面は白や橙色の縁をもつ黒斑が並び、肩羽は赤褐色味があります。胸に黒褐色の縦斑があり下面は白色です。冬羽は灰色味を増し、肩羽に茶色味が残り、胸の斑は薄く下面は白色です。細長いくちばしの先は下に湾曲しています。ピィーなどと鳴きます。

シベリアオオハシシギ シギ科 *Limnodromus semipalmatus*

Natural View
1. 旅
2. 河口・干潟の砂泥地／鵡川町（8月）
3. 約35cm
4. 同色
5. 情不 ♥

Special Point 秋には極東シベリア南部方面から南下中のものがまれに河口の砂泥の浅瀬などで見られます。冬羽では頭頸部が淡灰褐色で、背面には灰白色の縁をもつ黒褐色の斑があります。下面は白く胸に縦斑があります。夏羽は赤褐色味が強くなります。長い足は黒色です。太く真っすぐで長いくちばしを泥に入れ、水生動物を捕食します。

ツルシギ シギ科 *Tringa erythropus*

Natural View
1. 旅
2. 湖沼の浅瀬・干潟／ウトナイ湖（4月）
3. 約31cm
4. 同色
5.

Special Point 初夏の頃南方からシベリア方面へ北上中のものが、沿岸沿いの湖沼の浅瀬などで見られます。夏羽は全体が黒く小白斑があり、冬羽では上面が淡灰褐色で下面は白色です。細長く黒いくちばしの下くちばしの基部は赤っぽくなっています。足は長くて赤色です。チュイッと鳴き、浅瀬で小魚などを捕食します。

アカアシシギ シギ科 *Tringa totanus*

Natural View
1. 夏
2. 河口の干潟／鵡川町（5月）
3. 約28cm
4. 同色
5. 絶危

Special Point 春に南方から北上中のものが、河口の干潟や近辺の水たまりなどでまれに見られます。夏羽は上面が灰褐色で、下面は白地に胸から脇まで褐色の縦斑が目立ちます。冬羽はあせた灰褐色になります。黒いくちばしの基部と足は赤色です。鳴き声はピーチョイチョイなどと聞こえ、水辺の小動物を食べます。野付半島で少数繁殖しています。

コアオアシシギ シギ科 *Tringa stagnatilis*

Natural View
1. 旅
2. 河口近辺の湿地・湖沼畔／石狩市（9月）
3. 約25cm
4. 同色
5.

Special Point 秋にアジア内陸方面から南下中のものが、河口近辺の湿地や湖沼畔などでまれに見られます。冬羽の体上面は淡灰褐色で、眉斑があり、下面は白く、夏羽の上面は灰黒褐色で黒斑があり、下面は胸に褐色味の縦斑があり、他は白色です。くちばしは細く真っすぐで、足は長くて黄緑色です。ピッピッなどと鳴き、水辺などで餌を捕ります。

アオアシシギ シギ科 *Tringa nebularia*

Natural View
1. 旅
2. 河口の干潟／道外（4月）
3. 約35cm
4. 同色
5.

Special Point 旅鳥として春と秋に河口の干潟や近辺の水辺などで見られます。夏羽は上面が灰黒褐色で下面は白く、胸に黒褐色の縦斑があります。冬羽の上面は灰青味が強く胸の斑は淡くなっています。くちばしは少し上に反り、長い足は灰青色です。チョーチョーなどとすきとおる声で鳴き、浅瀬で餌を捕ります。カラフトアオアシシギは灰褐色で反りぎみの大きいくちばし、黄緑色の短い足でずんぐりしています。サハリンに局地的に見られる鳥で 絶危ⅠA です。

クサシギ シギ科 *Tringa ochropus*

Natural View
1. 旅
2. 河川・池沼／道外（5月）
3. 約23cm
4. 同色
5.

Special Point 旅鳥として秋にシベリア方面から南下中のものが、河川や池沼などの水辺でまれに見られます。夏羽の体上面は灰黒褐色で、小白斑があり、下面は白く胸に縦斑があります。冬羽では上面は黒褐色で微小な白斑になります。足は黒緑色です。ツィツィなどと鳴き、水辺の小動物などを食べます。

タカブシギ シギ科 *Tringa glareola*

Natural View
1. 旅
2. 低湿地の浅い池／鵡川町（9月）
3. 約22cm
4. 同色
5.

Special Point 秋にシベリア方面から南方へ南下中のものが、低湿地の浅い池などの水辺で見られます。夏羽の体の上面は灰黒褐色で白色斑があり、下面は白く胸に縦斑があります。眉斑は白色、足は黄緑色です。冬羽は黒色味が増します。ピッピッと鳴き、池などの水辺で餌を捕っています。

キアシシギ シギ科 *Tringa brevipes*

Natural View
1. 旅
2. 砂浜・干潟・河口の砂泥地／厚田村（5月）
3. 約25cm
4. 同色
5. ❀

Special Point 秋にはシベリアからオーストラリア方面への渡りの途中、砂浜や干潟などでよく見られます。夏羽は体の上面は灰褐色で、下面は白地に胸に縦斑、脇に横斑があり、足は黄色です。冬羽は上面は淡灰褐色で下面は胸が灰色になり、脇の横斑は消えます。ピュイーピュイーと鳴き、水辺で小動物を食べます。

イソシギ シギ科 *Tringa hypoleucos*

Natural View
1. 夏
2. 河川敷・池沼・畔・海岸／恵庭市（4月）
3. 約20cm
4. 同色
5. ❀

Special Point 春に南方から渡来して、河川や池沼などの水辺に生息します。体の上面は灰黒褐色で上尾筒は褐色、下面の白地は肩まで延びています。胸に灰褐色の縦斑があり、眉斑は白く足は黄褐色です。ツーリーリーと澄んだ声で鳴き、尾をよく振り水辺で水生昆虫など餌を捕り、水辺の草むらに巣をつくります。

ソリハシシギ シギ科 *Xenus cinereus*

Natural View

1. 旅
2. 河口近くの砂浜・海岸／石狩市（5月）
3. 約23cm
4. 同色
5.

Special Point 春に南方からシベリア方面へ北上中のものが、河口の砂浜や海岸の岸辺などで見られます。夏羽の上面は灰褐色で肩羽に黒色部が見られ、下面は白く胸に灰褐色の縦斑があります。冬羽は淡色です。くちばしは上に反り、足は短く橙黄色です。ピッピッとかピリピリなどと鳴き、小さい群れで砂浜で餌を捕っています。

オグロシギ シギ科 *Limosa limosa*

Natural View

1. 旅
2. 河口の砂泥の干潟・池沼／鵡川町（10月）
3. 約38cm
4. 同色
5.

Special Point 秋にシベリア方面から南下中のものが、河口の砂泥の干潟などでよく見られます。夏羽の雄は全体に赤褐色味があり、背面に黒色斑、脇に黒い横斑があります。冬羽は赤味がなく灰褐色になります。翼と尾端は黒色です。眉斑は白色、真っすぐで長い淡紅色のくちばしの先は黒色です。キッキッと鳴き、群れをなして砂泥のゴカイなどを捕食します。

オオソリハシシギ シギ科 *Limosa lapponica*

Natural View
1. 旅
2. 海岸・河口の干潟／鵡川町（9月）
3. 約40cm
4. 同色
5.

Special Point 北極圏とはるかオーストラリア方面間の渡りの途中、河口の干潟などで見られます。夏羽は全体的に赤褐色で、背面に小黒斑が多く、冬羽は灰褐色になります。くちばしは大形で上に反り、橙色で先が黒色です。ケッケッと鳴き、浅瀬をゆっくり歩き小動物を捕食します。

ダイシャクシギ シギ科 *Numenius arquata*

Natural View
1. 旅
2. 海岸・河口の干潟／鵡川町（4月）
3. 約60cm
4. 同色
5.

Special Point 4月頃に南方からシベリア方面へ北上中のものが、河口近くの砂泥の浅瀬などで見られます。体は全体的に灰褐色で、背面に黒褐色の斑があり、下腹部は白色です。大きなくちばしは黄褐色で先が黒く、下に湾曲しています。ホーイーンなどと鳴き、浅瀬で小動物を捕食します。

ホウロクシギ シギ科 *Numenius madagascariensis*

Natural View
1. 旅
2. 海岸・河口などの干潟／コムケ湖（8月）
3. 約60cm
4. 同色
5. 絶危

Special Point 春と秋に旅鳥として移動中のものが、海岸や河口の遠浅の砂泥地などで見られます。体の上下面とも淡褐色の地に黒褐色の斑があります。くちばしは大きくて下に湾曲しています。ホーイーンなどと鳴き、河口部などの広い浅瀬をゆっくり歩いて餌を捕ります。

チュウシャクシギ シギ科 *Numenius phaeopus*

Natural View
1. 旅
2. 海岸・河口などの干潟／鵡川町（5月）
3. 約42cm
4. 同色
5.

Special Point 旅鳥として南方とシベリア方面間を移動中、春と秋に河口部の砂浜などで見られます。体は灰褐色に見えますが、体上面には黒褐色の斑、頭央線と黒褐色の頭側線があり、足が黒く、黒いくちばしは下に曲がっています。ホイ、ピピピピと澄んだ声で鳴き、干潟で小動物を捕食します。ハリモモチュウシャクシギは似ていますが、腿に針状の羽毛があります。コシャクシギは小形で沿岸草地づたいに渡りますが、数が少なく 絶危ⅠA です。

ヤマシギ シギ科 *Scolopax rusticola*

Natural View

① 夏
② 平地〜低山の湿った密林地／幌延町（7月）
③ 約33cm
④ 同色
⑤

Special Point 春に南方から平地や低山の湿った下草のある密林地に渡来し、日中はやぶの中にいて人目につきません。体の上面は赤褐・黒・灰白色の地味なまだら模様で、下面は淡灰褐色の地に細い横斑があります。くちばしは大きく眉斑は白、後頭部に黒い横じまがあります。キチッ、キチッ、ブーなどと鳴き、ミミズなどを食べ、木の根元などに巣をつくります。

タシギ シギ科 *Gallinago gallinago*

Natural View

① 旅
② 河川敷の草地・池沼の湿地・水田／石狩市（4月）
③ 約25cm
④ 同色
⑤

Special Point 春に南方からシベリア方面へ北上中のものが、水田や河川敷の草地などで見られます。体の上面は茶褐色と黒のまだら斑で、白く太い条線が走っています。また、顔の条線も明らかです。下面は白地に脇に横じまがあります。草むらからジェッと鳴いてジグザグに飛び、次列風切の白線が見えます。長いくちばしをしていてミミズなどを食べます。

オオジシギ シギ科 *Gallinago hardwickii*

Natural View

1. 夏
2. 低湿地の草原・広い草地／石狩市（6月）
3. 約30cm
4. 同色
5. 準絶 ✿

Special Point 早春にオーストラリアから渡来して、低湿地の草原や山地の草原などに生息します。体色は淡茶褐色で、上面は茶褐・黒・灰白色などのまだら斑があって細めの条線があり、下面は白っぽく脇に横斑があります。ジェッ、ズビャーク、ズビャークと鳴き、ジブジブザザーとすさまじい羽音をたてます。ミミズや草の種子などを食べ、草の根元などに巣をつくります。

アオシギ シギ科 *Gallinago solitaria*

Natural View

1. 冬
2. 渓流の水辺／幌延町（2月）
3. 約30cm
4. 同色
5. •

Special Point 冬に中国北部方面から少数渡来して、山地の上流の小さい湧水地の水辺などに生息します。体は灰褐色に見えますが、細かい赤褐色・黒・白灰色などの小斑が交じり横じまをなし、背に細いV字形の白条があります。下面は白地に胸と脇に黒褐色の斑があります。ジェーッと鳴き、単独で水辺の餌を捕っています。

セイタカシギ セイタカシギ科 *Himantopus himantopus*

Natural View
1. 旅
2. 海岸近くの湖沼・河口の浅瀬／ウトナイ湖（4月）
3. 約37cm
4. ♂
5. 絶危

Special Point 中緯度から赤道方面にかけてのアジア大陸沿岸などに見られますが、春には南方から海岸に近い湖沼などに渡来し、数日で去っていきます。雄の体の上面は黒青色、雌は黒褐色で、下面は白色です。夏羽の雄の頭は黒く雌は白色です。目と足は赤く背が高い鳥で、ピューイーなどと鳴き、浅瀬を歩き小動物を捕食します。

オーストラリアセイタカシギ セイタカシギ科 *Himantopus leucocephalus*

Natural View
1. 迷
2. 湖沼・水田／浜頓別町（5月）
3. 約38cm
4. ♂
5.

Special Point フィリピンやインドネシア、オーストラリア方面に分布する鳥で、迷鳥としてごくまれに湖沼の浅瀬などに渡来します。雄はくちばし・後頭・翼・尾が黒く、背と下面は白色です。雌は後頸の下部の背も黒色です。足は赤くて長く、浅瀬で小動物などを捕食します。

161

ソリハシセイタカシギ　セイタカシギ科　*Recurvirostra avocetta*

Natural View
1. 旅
2. 海岸の浅瀬・河口・湖沼／苫小牧市（5月）
3. 約45cm
4. 同色
5. ♥

Special Point　ユーラシア大陸の内陸などで繁殖する鳥で、まれな旅鳥として北海道でも海岸の浅瀬などへ渡来します。白い体で頭と後頸、肩から背の中央や翼端にかけて黒いしま模様があります。くちばしは黒く細くて上に反っていて、足は灰青色です。浅瀬を歩き小動物を捕食します。

ハイイロヒレアシシギ　ヒレアシシギ科　*Phalaropus fulicarius*

Natural View
1. 旅
2. 沖合洋上／道外（6月）
3. 約22cm
4. ♀
5. ♥

Special Point　北極圏などで繁殖する鳥で、旅鳥として春と秋に沖合洋上を通過します。陸地近辺ではほとんど見ませんが、沖が荒れたときなど、ごくまれに湾などに来ることがあります。夏羽は雄雌とも上面は黒褐色で、下面は雌の方が赤褐色味が強く顔は白く、雄は淡色です。冬羽は雌雄とも上面が青灰色で下面は白色、黒い過眼線があります。水面で小エビなどを食べます。

アカエリヒレアシシギ ヒレアシシギ科 *Phalaropus lobatus*

Natural View
1. 旅
2. 洋上／苫小牧市（7月）
3. 約19cm
4. ♂　夏羽
5.

Special Point 北極圏で繁殖する鳥で、秋に洋上を南下していきますが、沖が荒れると沿岸の池沼などでもまれに見られます。雄の夏羽は上面が灰黒褐色で、首のところに橙色（雌は濃赤褐色）が見え、喉と下面は白色です。冬羽は淡灰色になり、目の後方に黒条ができます。黒いくちばしは細く、黒色で、プリープリーなどと鳴き、小浮遊生物などを食べます。

ツバメチドリ ツバメチドリ科 *Glareola maldivarum*

Natural View
1. 旅
2. 海岸の草地・河原／鵡川町（5月）
3. 約27cm
4. 同色　夏羽
5. 絶危

Special Point 東南アジア方面などに割合に多く、北海道では旅鳥としてまれに海岸の草地や河原などに渡来します。夏羽の上面は灰褐色で、初列風切と尾は黒褐色です。下面の胸は黄褐色で、腹は白色です。夏は喉に黒枠で囲まれた白っぽい斑があり、冬には消え、体全体は暗灰色っぽくなります。クリリと鳴き、昆虫などを食べます。

ユリカモメ　カモメ科　　　　　　　　　　　　　*Larus ridibundus*

Natural View
1. 旅
2. 河口・海岸・湖沼／
   道東（5月）
   右上　静内町（3月）
3. 約38cm
4. 同色　夏羽
   右上　冬羽
5. ❀

Special Point　早春に南方からシベリア方面へ北上中のものが、群れをなして河口や海岸・港湾などで見られます。3月頃は冬羽、5月頃は夏羽です。冬羽は淡い灰青色で翼の先が黒く、頭は白で目の後ろに小黒斑があります。紅色のくちばし（先は黒）と足をもちます。夏羽は頭が黒く、くちばしと足も黒っぽくなります。ギューイと鳴き、河口などで餌を捕ります。

セグロカモメ　カモメ科　　　　　　　　　　　　*Larus argentatus*

Natural View
1. 冬
2. 河口・港湾／
   小樽市（2月）
3. 約60cm
4. 同色
5. ❀

Special Point　シベリア北岸などで繁殖し、秋に南下してきて河口や港湾、海上などに群れています。体の上面は淡灰青色で翼の先は黒く白斑があります。黄色のくちばしの下端に赤色斑があり、足は肉色です。クワーなどと鳴き、浜の小動物や死がいなども食べます。

オオセグロカモメ　カモメ科　　　*Larus schistisagus*

Natural View
1. 留
2. 海岸の断崖地・河口・港湾／小樽市（2月）
3. 約60cm
4. 同色
5. ❀

Special Point　夏に海岸の断崖地で繁殖し、冬季は河口や港湾などに多数群れています。体は背と翼が灰黒色、翼の先は黒地に白斑があり、頭から下面は白色です。目は黄色、くちばしも黄色で下端に赤い斑があり、足は淡紅色です。クワーウなどと鳴き、小動物や死がいも食べ、岩棚に巣をつくります。

ワシカモメ　カモメ科　　　*Larus glaucescens*

Natural View
1. 冬
2. 道東・道北の海岸／稚内市（2月）
3. 約64cm
4. 同色
5. ❀

Special Point　冬季にアリューシャン列島の方から南下してきたものが、道東・道北の港や海岸などでまれに見られます。体の上面は淡灰青色、翼の先も同色で白斑があり、下面は白色です。冬羽では頭や首に灰褐色の小斑があります。黄色のくちばしの下先端は赤色、目は暗色に見え、足は淡紅色です。キューなどと鳴きます。小動物の死がいなども食べます。

シロカモメ　カモメ科　　　*Larus hyperboreus*

Natural View
1. 冬
2. 河口・港・海岸／苫小牧市（4月）
3. 約73cm
4. 同色
5.

Special Point 冬季に北極圏方面から南下してきて、河口や港・海岸などで見られ、4月頃群れて北上します。体の背面は淡灰白色で翼の先と尾は白色です。冬羽はほとんど純白色に見えます。黄色のくちばしの下端に赤い斑があり、目は淡黄色で足は淡紅色です。キューイとかクワーなどと鳴き、カニや死がいなども食べます。

カモメ　カモメ科　　　*Larus canus*

Natural View
1. 冬
2. 河口・港・河川／静内町（3月）
3. 約45cm
4. 同色
5.

Special Point 冬でも少数見られますが、春に南方からシベリア方面へ、多数の他のカモメと共に渡っていくのが河口や港などで見られます。体の背と翼は灰青色で、翼の先は黒く白斑があり、くちばしと足は黄色で目は黒色です。冬羽では頭部に淡褐色の小斑があり、夏羽では消えます。キューと鳴き、低く飛び、海辺の小動物や死がいなども食べます。

ウミネコ カモメ科 *Larus crassirostris*

Natural View
1. 留
2. 海岸の岩壁・河口／苫小牧市（9月）
3. 約47cm
4. 同色
5. ✿

Special Point 夏季に天売島や道東の断崖・絶壁などで繁殖しています。南下のときは河口や海岸・港などで見られます。体の上面は灰黒色で、初列風切は黒く白斑があり、白い尾先の近くに黒い帯があります。下面は白色です。黄色のくちばしの先に赤と黒の斑があり、足は黄色です。ミャーオと鳴き、魚を食べ、岩壁で営巣します。

ヒメクビワカモメ カモメ科 *Larus roseus*

Natural View
1. 冬
2. オホーツク海沿岸・道東太平洋沿岸／斜里町（1月）
3. 約30cm
4. 同色　冬羽
   写真は亜成鳥
5. ♥

Special Point 北極圏方面に分布している鳥ですが、冬季にまれにオホーツク海沿岸や道東の太平洋沿岸などに南下してきます。冬羽の背面は淡灰青色で、後頭に淡灰色の斑があり、そのほか頭・下面は白色です。くちばしは黒くて足は赤色、クサビ形の尾の先は白色です。夏羽には黒色の首輪ができます。写真は亜成鳥ですが、翼と尾先の黒色が白くなると親鳥になります。

ミツユビカモメ　カモメ科　　　　　　　　　　*Larus tridactylus*

Natural View

1. 冬
2. 道東の洋上・オホーツク海沿岸／網走市（2月）
3. 約38cm
4. 同色　冬羽
   写真は亜成鳥
5.

Special Point　冬に北太平洋方面から南下してきて、道東の洋上やオホーツク海沿岸などに生息します。夏羽の体の上面は淡灰青色で、翼の先端は黒く、その他全身はほぼ白色です。冬羽では後頭に黒斑があります。足は黒く後趾は微小です。写真は亜成鳥ですが、黒いくちばしが黄色になり、翼の先だけに黒色が残り、黒い尾の先が白くなると成鳥です。

ゾウゲカモメ　カモメ科　　　　　　　　　　*Pagophila eburnea*

Natural View

1. 迷
2. 道東・オホーツク海沿岸／枝幸町（1月）
3. 約45cm
4. 同色
   写真は亜成鳥
5.

Special Point　北極圏に分布する珍しい鳥で、冬季にごくまれにオホーツク海沿岸や太平洋沿岸などに渡来します。成鳥は全身白色、くちばしは黄色で基部が灰青色、足は黒色です。写真は亜成鳥で、ほぼ全身は白く、初列風切や尾の先端に黒斑があります。**トウゾクカモメ**はトウゾクカモメ科の鳥で、白色型は下面が白で胸に帯があり尾羽の中央一対が長く、ミズナギドリ類と共に洋上で見られます。

アジサシ　カモメ科　　　　　　　　　　　　　　*Sterna hirundo*

Natural View
1. 旅
2. 海岸・河口／鵡川町（5月）
3. 約35cm
4. 同色
5.

Special Point　春に南方からシベリア方面へ北上中のものが、沿岸海上で群れをなしてダイビングなどをしているのが見られます。夏羽は頭が黒く上面は灰色、胸と腹は淡灰色で尾は白色です。冬羽の額は白、後頭は黒、上面は灰白色で下面は白色です。くちばしと足は黒く、尾は燕尾です。ギューイ、ギューイと鳴き、小魚などを食べます。

クロハラアジサシ　カモメ科　　　　　　　　　　　　*Sterna hybrida*

Natural View
1. 旅（まれに見られる）
2. 湖沼・河口／鵡川町（6月）
3. 約25cm
4. ♂　夏羽
5.

Special Point　中国から東南アジア方面に分布する鳥ですが、まれに河口や沿岸・湖沼などで見られます。夏羽では頭上が黒く、頬から襟が白、背・胸・腹は灰黒色、翼上面、腰と尾は淡灰色、くちばしと足は紅色です。冬羽では全身が白ですが、目の後ろと後頭に黒斑が残り、背や翼上面は淡灰色、顔から腹は白色です。くちばしと足は黒色です。水面近く下がり、くちばしで餌を捕ります。

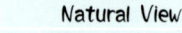

ハジロクロハラアジサシ　カモメ科　　　*Sterna leucoptera*

Natural View
1. 旅
2. 河口・湖沼／小樽市（7月）
3. 約24cm
4. 同色
5. ♥

Special Point　夏、中国東北方面などで繁殖し、冬、東南アジア方面へ移動する鳥ですが、まれに旅鳥として春と秋に湖沼や河口などで見られます。夏羽は頭から腹と翼下面は黒く、翼の上面と尾・下尾筒は白色です。冬羽は全体が白っぽく、くちばし・頭が淡黒色で、目の後ろに黒斑があり体上面は灰色、下面は白色です。潜水せず水面の魚などを食べます。

ウミガラス　ウミスズメ科　　　*Uria aalge*

Natural View
1. 留
2. 天売島・島の近くの洋上／天売島（7月）
3. 約42cm
4. 同色　夏羽
5. 絶危 ♥♥

Special Point　北方海域沿岸の断崖などに生息する水鳥で、かつて天売島などに何千羽もいましたが、現在（平成10年）20羽ほどと推定されています。夏羽は首から上と上面は褐色味のある黒色、下面の胸腹部は白色です。冬羽では頬から首の前側も白くなります。くちばしは黒色です。ウルルンと鳴き、断崖で集団営巣し、潜水してイカナゴなどを食べます。

ハシブトウミガラス　ウミスズメ科　*Uria lomvia*

Natural View
1. 冬
2. 洋上・港湾／石狩市（２月）
3. 約44cm
4. 同色　冬羽
5.

Special Point　北方海域やその沿岸などに生息する水鳥で、冬季に南下してきて、近海洋上や港湾などでまれに見られます。体の上面が黒褐色で下面は白色、くちばしは太く基部に白線があります。冬羽では喉が白色になります。厳冬の頃まれに港湾にも入り、潜水して魚を捕食しています。

ケイマフリ　ウミスズメ科　*Cepphus carbo*

Natural View
1. 留
2. 天売島・ユルリ島／根室市（６月）
3. 約37cm
4. 同色　夏羽
5. 絶危

Special Point　北方海域沿岸などに生息し、局地的に天売島やユルリ島の断崖地などで繁殖しています。夏羽は全身灰黒色で、目に白い輪と白条が続き、くちばしの基部に白斑があります。冬羽では体の下面は白く、目の白条もなくなります。赤い足が目立ちます。岩場でチッチッチッとにぎやかに鳴き、イカナゴなどを食べ、岩の上で営巣します。**ウミバト**は冬季、カムチャッカなど北方から南下してきますが、冬羽の体上面は灰黒褐色で、翼に白斑があり、頭から下面は白色ですが、頭・側頭などに横じまがあります。

マダラウミスズメ　ウミスズメ科　*Brachyramphus marmoratus*

Natural View

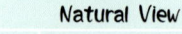

1. 冬
2. 近海洋上・港湾／小樽市（12月）
3. 約25cm
4. 同色　冬羽
5. 情不

Special Point　冬季に北方から南下してきて、近海の洋上や、ときに港湾部などに生息しています。冬羽の体の上面は灰黒褐色で、肩羽は白く下面も白色です。夏羽では上面は黒褐色、下面は白地に灰褐色のまだら模様ができます。首は短く、くちばしは黒色で、ごくわずかに上向きです。潜水して魚を捕食します。

ウミスズメ　ウミスズメ科　*Synthliboramphus antiquus*

Natural View

1. 冬
2. 沖合・港湾／天売島（7月）
3. 約25cm
4. 同色
5. 絶危

Special Point　主に冬季に北方から沖合洋上に南下してきます。沖が荒れたときなど、まれに港湾で見られます。夏羽の体の上面は灰黒色で下面の喉は黒、腹は白色です。冬羽では上面が黒く下面は白色、くちばしは基部は黒で先が黄色です。チッチッチッと鳴き、ダルマ状の体でよく潜水し小魚を捕食します。

コウミスズメ ウミスズメ科 *Aethia pusilla*

Natural View
1. 冬
2. 沖合洋上／道外（6月）
3. 約15cm
4. 同色
5.

ウミスズメ科

Special Point 夏、ベーリング海方面で繁殖し、冬鳥として沖合洋上に現われますが、ほとんど見られません。夏羽は頭部や上面は灰黒色、下面は白地に褐色の斑があり、喉は白く目の後ろに白条があります。また、肩羽に白斑はなく、黒いくちばしの先は赤色です。冬羽は上面は黒く下面は白で、肩羽に白条があります。目じりに淡い白線があり、くちばしは黒くなります。よく泳ぎ、潜水して餌を捕ります。

ウミオウム ウミスズメ科 *Aethia psittacula*

Natural View
1. 迷 またはまれな旅鳥
2. 沖合洋上／道外（6月）
3. 約23cm
4. 同色　夏羽
5.

Special Point 北太平洋沿岸方面で繁殖する鳥ですが、冬に南下し、まれに太平洋上で観察の記録のある鳥です。陸地では見られません。夏羽の上面は黒褐色で下面は白色です。目の後方に白線があり、くちばしは黄赤色で、目は黄色です。冬には目の後方の白線は微小になります。

エトロフウミスズメ　ウミスズメ科　*Aethia cristatella*

Natural View
1. 冬
2. 太平洋沖合／千島（9月）
3. 約25cm
4. 同色
5. ♥

Special Point　冬季にベーリング海方面から太平洋沖合などに、まれに渡来します。体上面は灰黒褐色で、下面は淡黒褐色、額の冠羽は、夏は大きく冬は小さくなります。目の後方に白条があり、くちばしは太く短く、橙色です。

ウトウ　ウミスズメ科　*Cerorhinca monocerata*

Natural View
1. 留
2. 天売島・ユルリ島／天売島（6月）
3. 約38cm
4. 同色
5. ❀

Special Point　北海道近海の島やクリルなどに生息し、天売島では50万羽ほど生息し繁殖しています。体の上面は黒褐色で、下面は淡色、腹は白色です。雄の夏羽では顔に2本の白条があり、紅色で太いくちばしの根元には白い突起（冬には消失）があります。日中は洋上にいて、夕方イカナゴなどをくわえて深い巣穴に戻ります。ク、ク、クなどと鳴きます。

エトピリカ ウミスズメ科 *Lunda cirrhata*

Natural View
1. 留
2. ユルリ島・モユルリ島／ユルリ島（6月）
3. 約38cm
4. 同色
5. 絶危

Special Point 北方海域の水鳥で、40年ほど前にはユルリ島などで約250羽生息し、現在（平成10年）は20羽ほどの生息と推定されています。夏羽は全身が黒くてくちばしは赤く太く、顔は白くて黄白色の冠羽があり、足は赤色です。冬羽では顔は灰色になり冠羽は消えます。クルルルなどと鳴きます。潜水して魚を捕食します。

ツノメドリ ウミスズメ科 *Fratercula corniculata*

Natural View
1. 冬
2. 北日本沿岸洋上／道外（6月）
3. 約38cm
4. 同色
5.

Special Point 夏、ベーリング海沿岸、クリルなどで繁殖し、冬、南下します。冬はエトピリカとの区別が難しい鳥です。夏羽は頭と上面は黒、顔と下面胸から下は白色です。下側の首のところは黒色です。くちばしは大きく先が紅色、根元は黄色で、目から縦と横に黒条が走ります。冬羽では顔とくちばしの元の部分が暗灰色になります。エトピリカに似ますが、夏羽で冠羽はありません。

野鳥の生息環境

　いろいろな生態系のなかで、食を中心としてふれてみたいと思います。食物連鎖の棒線は、左側の生物を右側の生物が食べることを示しています。実際には網状になりますので、食物網といいます。

[山　林]
　山では残雪・雨水・広葉樹の保水などから源流域が形成され、針葉樹や広葉樹の高木や低木に、下草などが生い茂った人手の加わらない原生林があります。そこでは多種多様の動植物が生息し、豊かな生態系を形成しています。
　低山では次のような食物連鎖がみられます。
　　　広葉樹の葉──シャクトリムシ──キビタキ
　　　朽木──テッポウムシ──キツツキ
　マツ・ハンノキ・ナナカマド・ミズキ・キハダ・サクラ・エゾニワトコ・イボタ・ピラカンサス・ズミ・サルナシ・ツルウメモドキ・ウルシ・ホオノキ・エゾスグリなどの実や、サクラ・シナノキなどの芽は、多くの鳥の食餌になっています。このような木を食餌木といいます。
　山林の下草の種子
スズメノヒエ・タデ・ミゾソバ・ツユクサ・ヒエ・アカザ・イヌタデ・オオバコ・メマツヨイグサなどの種子も、鳥の食餌になっています。

森林と源流（大雪山の山奥）

[草　原]
　草原などの自然的な未開の原野地は、多様な草本に低木などを交え、やぶなどを形成し、生態系が豊かです。そこでは次のような食物連鎖がみられます。
　　　草の葉──アオムシ──ヒバリ
　　　草花の花粉や蜜──昆虫──クモ──ベニマシコ
　またイヌビエ・メマツヨイグサ・ブタクサ・カヤツリグサ・ミゾソバ・アカザ・エノコログサ・ヨモギなど草の種子は、冬の雪原上でユキホオジロなどの鳥の餌になっています。

[湿　原]
　じめじめした草原で、谷地（ヤチ）などともいわれ、植物の枯れ死体が水分と低温で分解せずに残り泥炭地になっています。ミズゴケを中心とした高層湿原のサロベツ原野、ヨシ（アシ）を中心とした低層湿原の釧路湿原、ヌマガヤなどのある中間湿原として浅茅野湿原があります。そこでは次のような食物連鎖がみられます。
　　　ケイソウ──ミジンコ──ヤゴ（トンボ）──オオヨシキリ

枯れ草──トビムシ──小鳥
　湿地は干拓により減少しました。ラムサール条約では「水鳥の生息地として重要である」と述べられています。釧路湿原、ウトナイ湖、霧多布湿原、クッチャロ湖、厚岸湖などはラムサール条約登録地になっています。
　湿地林としてはハン・ヤチダモ・ハルニレ・ヤナギなどが見られます。アシ原のヨシは水の浄化作用があります。

湿地と湖沼

［湖　沼］
　湖は大きく、沼は泥地の池で、まとめて湖沼といいます。そこでは次のような食物連鎖がみられます。
　　ケイソウ──ミジンコ──ボウフラ──フナ──カイツブリ
　水辺には次のような水生植物が多く、水鳥の食餌になっています。
　　マコモ──ハクチョウ
　　ヒシ──ヒシクイ
　　水生の藻（アマモ等）──マガモ・オナガガモ
　　タデ・ミズヒキの種子──バン

ウトナイ湖のオオハクチョウ

汽水湖などでは藻類──イサザアミ──魚──水鳥という食物連鎖がみられます。

［海］
　海上では植物プランクトン──動物プランクトン──イカナゴ──ウミガラスなどの食物連鎖がみられます。

［海岸線］
　波打ちぎわは、磯の生物と浜辺の生物などを併せもった豊かな生態系がみられます。そこでよく見られるハマトビムシは、シロチドリなどの餌になっています。

砂浜で餌を漁るシギ類（豊富町）

［干　潟］
　潮には干・満があります。潮がひいた海岸である干潟には、浅瀬ができ底生生物が見られます。特に河口部の泥の干潟には、川と海からのデトリタス（分解中

の有機物のくず）が多く運ばれてきて養分に富み、多種多様の生物が見られます。そこでは次のような食物連鎖がみられます。

　　デトリタス——ゴカイ——ハマシギ

　ハマグリなどの水の浄化作用もあり、浅瀬の水は清く、豊かな生態系のなかで古来から潮干狩などで親しまれてきました。全国的には大半といってよいほど、干潟は埋め立てで消滅してしま

干潟でゴカイを食べるムナグロ

いました。現在はかろうじて名古屋の藤前干潟、東京湾の三番瀬干潟などが残っています。北海道では小規模ですが鵡川の河口部、尾岱沼などで干潟が見られ、シギ・チドリ類などの渡り鳥の貴重な中継地になっています。アメリカでは干潟の造成がなされているほどです。

［河　川］

　川は命の母といわれ、古来川の流域に文明が生まれています。川に関して大切なことは、流域に広葉樹のヤナギ・ヤチダモ・ハンノキ・ミズナラ・ハルニレ等の河畔林を多く伴うということです。そのような所には昆虫・水生昆虫や他の多くの小動物がすみつき、魚・野鳥など生態系が豊かになります。上流から枯れ葉や小動物の遺がいなどが常に海に運ばれ、海の海藻や魚などの生態系も豊かになります。

　川では次のような食物連鎖がみられます。

　　落ち葉——トビケラ——魚——ヤマセミ

［農牧地］

　田畑、牧場などでは周辺のやぶ地とともに、さまざまな生態系がみられます。水田では次のような食物連鎖がみられます。

　　ケイソウ——ミジンコ——メダカ——コサギ

　畑では次のような食物連鎖がみられます。

　　植物——カメムシ——クモ——ツグミ

　農薬などによる汚染が問題になっています。

野外観察の準備

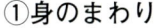

①身のまわり

地味な長そでの服、ポケットの多いチョッキ

日よけのある帽子

リュックに入れる物
　雨具・救急用具・記録ノート・筆記用具・タオル・軍手・着替え・食事・水筒・ティッシュペーパー・ゴミ入れ・電灯・時計・地図・双眼鏡など。
　余裕があったらカメラやほかの器材・図鑑など。

20〜25倍くらいの望遠鏡と三脚

長靴や登山靴など

②双眼鏡

8〜10倍くらいのもの
よく使用されているのは中央にピント合わせのある中繰方式といわれるものです。使用方法は次の番号順です。

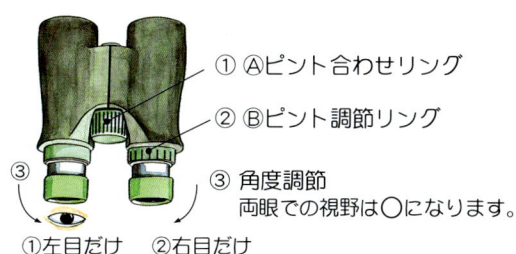

① Ⓐピント合わせリング
② Ⓑピント調節リング
③ 角度調節
　両眼での視野は◯になります。

①左目だけで見ます　②右目だけ

① 図のように左目だけで左側のレンズを通して見て、中央のⒶピント合わせリングを調節して見えるようにします。
② 次に右目だけで右側のレンズを通して見てⒷピント調節リングを調節して見えるようにします。
③ 双眼鏡の両側から手で角度を調節し、両眼で見て両眼の視野が一致し、一つの円におさまる状態になれば使用できます。

③さらに観察を深めたい人には

　次のような望遠レンズ、ビデオカメラ、録音機などを備えられたらよいと思います。

［望遠レンズ］

　35mm一眼レフカメラを使用して、近くの人物などを写すときは50mmの標準レンズを、庭のバード・テーブルに来た鳥などを写すときは150～300mmの望遠レンズ、野外で遠くの野鳥などを写すときには600～1000mmほどの超望遠レンズが用いられます。超望遠レンズは重量があり、さらに重い三脚と併用します。高価ですが、離れた距離から生態記録写真などを撮るのに使用されます。

［ビデオカメラ］

　ビデオカメラでは動きのある生態記録が録画できます。最近は高性能で軽量、小型化された持ち歩きに便利な携帯用ビデオカメラが販売されています。コンバージョンレンズの併用ができるものは、さらに高倍率で使用できます。機種は種々ありますので、性能、使用目的などの点で満足のできるものを探し、使用して下さい。

［録音機］

　鳴き声を録音するには、現在小型で携帯用のものが種々あります。小型軽量で性能の良い録音機、高感度のマイクロホン（超指向性の望遠マイク）、録音テープ、集音機などをそろえればよいでしょう。

野鳥の有益性

農・林・漁業や産業

- 作物や樹木の害虫、害獣を食べてくれます。
    - 田畑の害虫……多くの小鳥が食べます。
        - アヒルとマガモをかけあわせてできたアイガモは、水田で雑草や害虫を食べてくれます。
    - 樹木の害虫……キツツキや小鳥が食べます。
    - 樹木の害獣(ノネズミなど)……ワシ、タカ、フクロウ類が食べます。
- 樹木の実を食べ、種子を散布してくれます。
- 野鳥の排泄物は窒素、燐を含み、植物の養分になっています。
- 外洋の鳥(アビ、オオミズナギドリ類)は魚のいる所に群れますので、昔はそこが漁場のめじるしとされました。
- 狩猟などで食料を供給してくれます(しかし生息数には厳しい限度があります)。
- 本来野生種であったニワトリ等は、飼育・改良され食用になっています。
- ニワトリの卵を利用してインフルエンザワクチンが製造されています。
- 鳥の羽毛は布団として利用されています。

文化

- 鳥の鳴き声は季節の到来を告げてくれ、詩情感などをつちかってくれます。鳴き声が親しまれたり、古来詩歌などで多く歌われてきました。

衛生

- トビやカラスは地上の汚物を食べてくれたり、またワシやカモメ等は動物の死がいを食べて清掃してくれます。

環境

- 生態系の多様な生命体の貴重な一員になっています。
- 環境の状態を知らせてくれます。
    ヤマセミは清流にすみますので、ヤマセミを見たら、そこは汚れがないと判断されます。
    ダイオキシンで汚染された魚を食べ、水鳥が奇形になったとき、その奇形は私たちへの警鐘となります。

学術

- 学術分野で多くの研究資料を与えてくれます。
    狭くは鳥の体の構造、鳥の学習能力、鳥の適応能力、渡りのメカニズム、生態などの研究、広くは野鳥との関連、応用分野として、進化・遺伝・免疫・医学など多分野にわたります。詳しくは専門書などにゆだねます。

野鳥保護関連事項

1950年 文化財保護法（文部省文化庁）
  天然記念物
   指定鳥　クマゲラ・イヌワシ・タンチョウなど
   指定場所　天売島（ウミガラスなど）、大黒島（エトピリカなど）、大島（オオミズナギドリ）
  特別天然記念物　アホウドリなど
1963年 鳥獣保護及び狩猟に関する法律（環境庁）
  狩猟鳥としてマガモ・キンクロガモなど29種
  北海道では10月1日～1月31日解禁
  保護区域の設定
1966年 レッドデータブック　Red Data Book（IUCN　国際自然保護連合）
  世界で絶滅のおそれのある動植物名が設定される。種の絶滅、減少への警鐘。
1971年 ラムサール条約（イラン）
  特に水鳥の生息地として国際的に重要な湿地に関する条約
  現在北海道での登録地は、釧路湿原・クッチャロ湖・ウトナイ湖・霧多布湿原・厚岸湖など
1973年 ワシントン条約
  絶滅のおそれのある野生動植物の種の国際取引に関する条約
  保護が必要な動植物の捕獲・売買・輸出入禁止
1974年 日米渡り鳥条約（190種）
1974年 日本鳥類目録（日本鳥学会）
1980年 ワシントン条約批准
  特殊鳥類としてアホウドリ・オジロワシ・ウミガラスなど（28種）
1981年 日豪渡り鳥協定（76種）
1981年 日中渡り鳥協定（227種）
1988年 日ソ渡り鳥条約（287種）
1991年 日本版レッドデータブック（環境庁）
  日本で絶滅のおそれのある野鳥132種の種名がレッドリストとして設定される。
1992年 絶滅のおそれのある野生動植物の種の保存に関する法律（環境庁）
  指定種・国内希少種・緊急指定種など
1997年 日本産鳥類リストの発表（日本鳥学会）
1998年 改訂新日本版鳥類レッドデータブック（環境庁）

レッドデータブック

1966年、国際自然保護連合により世界規模で絶滅のおそれのある動植物の種名と生息状況の発表がありました。

その後日本でも状況調査が行われ、1991年に環境庁から日本で絶滅のおそれのある動植物の種名と生息状況が発表され、日本版レッドデータブックといわれています。

その内容は、野鳥に関しては132種について5段階の評価基準（カテゴリー）で、次のように発表されています。

　　絶滅種（絶滅したと考えられる種）……ミヤコショウビンなど13種
　　絶滅危惧種（絶滅の危機に瀕している種）……イヌワシなど27種
　　危急種（絶滅の危険が増大している種）……ハヤブサなど27種
　　希少種（存続基盤が弱い種）……マガンなど65種
　　絶滅のおそれのある地域個体群

その後、評価の仕方について国際自然保護連合で見直しがなされ、日本でも前回のレッドリストの見直しが行われ、野鳥に関しては1998年に改訂『新日本版レッドリスト』として、135種を8段階の評価基準（カテゴリー）で次のように発表されています。

絶滅種（EX）─┬─絶滅（EX）……ハシブトゴイなど13種
　　　　　　　└─野生絶滅（EW）……トキ1種

絶滅危惧（E）**絶危**　─┬─絶滅危惧Ⅰ類 ─┬─ⅠA（CR）…チシマウガラスなど17種（近い将来極めて高い）
（絶滅のおそれあり）　　│（危機に瀕する）　└─ⅠB（EN）…コアホウドリなど25種（高いがAほどではない）
　　　　　　　　　　　└─絶滅危惧Ⅱ類（VU）
　　　　　　　　　　　　（危険が増大）……アホウドリなど48種

準絶滅危惧（NT）**準絶**……ミゾゴイなど16種
（絶滅の可能性あり）

情報不足（DD）**情不**……セグロミズナギドリなど15種
（評価するだけの情報が不足）

絶滅のおそれのある地域個体群（LP）……青森県のカンムリカイツブリ
　　　　　　　　　　　　　　　　　　　　　　など2種

　　　　　　　　　　　　　　　（■は本書での使用表示略語です）

私の観察体験から —あとがきに代えて—

　子供の頃、ノビタキの営巣を見たことから野鳥に魅せられました。北海道の野鳥全種をこの目で見て生息の状況を知りたいと、長年野鳥を求めて多数回にわたり全道各地に足を運びました。

　その間多くの困難を乗り越え、幸いにも多数の野鳥に接することができ、体験を通してさまざまなことを自然から学び、その過程でメモした記録や生態記録写真を集積することができました。

　野鳥の研究に関しては、太陽コンパス説、刷り込み、日照時間とホルモンなどいろいろありますが、ここでは野外観察が中心になります。

　昔の北海道は、山地ではエゾマツ、トドマツなどを中心として、また平野部ではハルニレ・ミズナラ・カシワなどを中心として、多種多様の動植物が生息する深い原生林でした。明治時代からの入殖・開拓により、広大な平野地は農地化されました。当時は農業上、害鳥・益鳥などの研究テーマが多くみられました。現在は原生的な場所は減少しましたが、国立公園・道立公園、道東・道北の湿原地帯などが残っています。

　開拓・開発など文明化は人間生活を大変便利にしています。しかし近年に至り、人間の生活に関連して、自然環境の破壊、汚染問題などが多発し、自然を求める声として自然保護・環境浄化・環境保全などがいっそう叫ばれています。

　生態系も場所によって変化がみられます。野鳥の生息状況をみましても、減少したり絶滅が危惧されている種が多いのが現況です。

[体験談]
　次に体験談の一端として、目に触れたこと、感じたことなどを簡略に述べさせていただきます。
1　楽しかったこと
・野外で見たことのない種を初めて見たときは感動しました。
・望遠マイクでカッコウ・ウグイス等多くの野鳥の鳴き声を録音テープに収録し、部屋で聴いてさわやかさを感じました。
2　感じたこと
・ハクチョウが親子間で鳴き声を交わしながら、編隊を組んでシベリアへ渡る姿を見て、鳴き声を通して親子のきずなを感じさせられました。
・シギやチドリ類が小さい体でゴカイ類を食べ、北極と赤道間を移動する優れた飛翔能力に、いつも感心させられました。
・マイナス30℃近くにもなる厳冬期に、裸の小さい体で北の雪原上のメマツヨイグサなどの種子を食べ、元気に飛ぶ小鳥の姿を見ていつも感心しました。

・繁殖地で小鳥の親がアオムシ等を口にくわえて、せっせとヒナの所に運び、子育てに励んでいる姿にも感心させられました。
・子育てのとき、子を守るため、子に近づく外敵を追い払うタンチョウの親の、親心とも思われる行動に感心しました。

3　自然界の厳しさ
・原野で小鳥を観察中に、私の背後から耳元をすさまじい羽音を立て、矢のような速さで小鳥の群れにめがけて猛突進し、小鳥を捕食したハヤブサの姿を見たときは、無情ともいえる食と生と死をめぐる自然界の厳しさをつくづく感じました。

4　いたましく思ったこと
・交通事故で道端に倒れていたベニマシコ・アオバト・コミミズクなどの姿を見たときは、いたましく悔やまれました。
・カモメが釣り糸をタコ糸のように口から下げて飛んでいたり、テグスを足にからませたまま飛び去ってしまい、手の及ばなかったことがありました。
・尾のないコヨシキリが、ヨシの茎で盛んにさえずっていました。なぜ尾がないのか、渡りへの影響などいまだ不明です。
・渡りの途中で、窓ガラスやガラス張りの温室に衝突死していたアオジやツグミなどを見て、はっとしたことなど思い出は尽きません。

5　危険なこと
・奥地の廃屋の跡地などでの観察や撮影では、古井戸に落ちかけるような危険にさらされたこともありました。
・夜行性の鳥のヨタカ・コノハズク・アオバズク・フクロウなどの観察は、夜間観察になります。奥山でテントを張って夜営するときなどは、蚊・にわか雨・落雷・クマなどの危険性が伴いました。
・断崖地での水鳥などの観察や撮影でも、危険な場所は多々ありました。

　多くの観察体験をもちましたが、幸いに事なく終えることができました。思わぬ危険性は随所に潜んでいるものです。事前にも実施時にも、そのようなときにはやはり万全の注意と行動が必要でした。

和名さくいん

(●は同族または似た鳥)

[ア]
- アオアシシギ……153
- アオサギ……113
- アオジ……80
- アオシギ……160
- アオバズク……29
- アオバト……24
- アカアシシギ……152
- アカアシミズナギドリ……104
- ●アカウソ……88
- アカエリカイツブリ……100
- アカエリヒレアシシギ……163
- アカガシラサギ……110
- アカゲラ(エゾアカゲラ)……36
- アカショウビン……33
- アカハラ……56
- アカモズ……46
- アジサシ……169
- アトリ……82
- アネハヅル……136
- アビ……98
- アホウドリ……101
- アマサギ……110
- アマツバメ……31
- アメリカウズラシギ……145
- ●アメリカコガモ……123
- アメリカコハクチョウ……120
- アメリカヒドリ……125
- ●アラナミキンクロ……130
- アリスイ……35

[イ]
- イカル……89
- イスカ……86
- イソシギ……155
- イソヒヨドリ……54
- イヌワシ……18
- イワツバメ……41
- イワミセキレイ……41

[ウ]
- ウグイス……60
- ウズラ……22
- ウズラシギ……145
- ウソ……88
- ウトウ……174
- ウミアイサ……133
- ウミウ……105
- ウミオウム……173
- ウミガラス……170
- ウミスズメ……172
- ウミネコ……167
- ●ウミバト……171

[エ]
- エゾセンニュウ……61
- エゾビタキ……69
- エゾムシクイ……64
- エゾライチョウ……22
- エトピリカ……175
- エトロフウミスズメ……174
- エナガ(シマエナガ)……70
- エリマキシギ……149

[オ]
- オオアカゲラ(エゾオオアカゲラ)……37
- オオコノハズク……28
- オオジシギ……160
- オオジュリン……81
- オーストラリアセイタカシギ……161
- オオセグロカモメ……165
- オオソリハシシギ……157
- ●オオダイサギ(ダイサギ)……111
- オオタカ……13
- オオハクチョウ……119
- オオハム……98
- オオバン……138
- ●オオヒシクイ……117
- ●オオホシハジロ……127
- オオマシコ……85
- オオミズナギドリ……103
- ●オオメダイチドリ……140
- オオモズ……47
- オオヨシキリ……63
- オオルリ……68
- オオワシ……13
- オカヨシガモ……124
- オガワコマドリ……51
- オグロシギ……156
- オシドリ……121
- オジロトウネン……144
- オジロビタキ……67
- オジロワシ……12
- オナガガモ……125
- オバシギ……147

[カ]
- カイツブリ……99
- カケス(ミヤマカケス)……93
- ササギ……93
- カシラダカ……78
- カッコウ……24
- カナダヅル……135
- カモメ……166

カヤクグリ（エゾカヤクグリ）	50	コアカゲラ	37
カラシラサギ	112	コアホウドリ	102
●カラフトアオアシシギ	153	コイカル	89
カラフトムシクイ	63	ゴイサギ	109
●カラフトムジセッカ	66	コウノトリ	113
カラフトワシ	17	コウミスズメ	173
カリガネ	117	●コウライウグイス	60
カルガモ	122	コオバシギ	147
カワアイサ	133	コオリガモ	131
カワウ	106	コガモ	123
カワガラス	48	コガラ	71
カワセミ	33	コクガン	115
カワラヒワ	83	●コクマルガラス	94
カンムリカイツブリ	101	コグンカンドリ	107
[キ]		コゲラ（エゾコゲラ）	38
キアオジ	75	コケワタガモ	129
キアシシギ	155	コサギ	112
●キガシラシトド	82	コサメビタキ	69
キクイタダキ	65	コシジロウミツバメ	105
キジ（コウライキジ）	23	●コシャクシギ	158
キジバト	23	ゴジュウカラ（シロハラゴジュウカラ）	73
キセキレイ	42	コチドリ	139
キバシリ	74	コチョウゲンボウ	21
キビタキ	66	コノハズク	28
キマユホオジロ	78	コハクチョウ	120
キョウジョシギ	143	コブハクチョウ	119
キリアイ	150	●コベニヒワ	84
キレンジャク	47	コホオアカ	77
キンクロハジロ	128	コマドリ	50
ギンザンマシコ	86	●ゴマフスズメ	82
キンメフクロウ	29	コミミズク	27
[ク]		コムクドリ	92
クイナ	137	●コメボソムシクイ	64
クサシギ	154	コモンシギ	149
クビワキンクロ	127	コヨシキリ	62
クマゲラ	36	コルリ	52
クマタカ	17	[サ]	
クロアシアホウドリ	102	サカツラガン	118
クロガモ	129	ササゴイ	109
クロジ	80	サメビタキ	68
●クロジョウビタキ	53	サルハマシギ	146
クロツグミ	56	サンショウクイ	45
クロツラヘラサギ	114	[シ]	
クロハラアジサシ	169	シジュウカラ	73
[ケ]		シジュウカラガン	115
ケアシノスリ	16	シノリガモ	130
ケイマフリ	171	シベリアオオハシシギ	151
ケリ	142	シマアオジ	79
[コ]		シマアジ	126
コアオアシシギ	153	シマセンニュウ	61

シマフクロウ	26
シメ	90
●ジュウイチ	25
ショウドウツバメ	40
ジョウビタキ	53
シラガホオジロ	75
●シロエリオオハム	98
シロオオタカ	14
シロカモメ	166
シロチドリ	140
シロハヤブサ	19
シロハラ	57
シロハラホオジロ	76
シロフクロウ	25

[ス]
ズアオアトリ	83
スズガモ	128
スズメ	91

[セ]
セイタカシギ	161
セグロカモメ	164
セグロサバクヒタキ	54
セグロセキレイ	43
センダイムシクイ	65

[ソ]
ゾウゲカモメ	168
ソデグロヅル	136
ソリハシシギ	156
ソリハシセイタカシギ	162

[タ]
ダイサギ	111
ダイシャクシギ	157
ダイゼン	141
タカブシギ	154
タゲリ	142
タシギ	159
タヒバリ	44
タンチョウ	134

[チ]
チゴハヤブサ	20
チシマウガラス	107
チシマシギ	150
チュウサギ	111
チュウシャクシギ	158
●チュウダイサギ（ダイサギ）	111
チュウヒ	19
チョウゲンボウ	21

[ツ]
ツクシガモ	121
ツグミ	58

ツツドリ	25
ツノメドリ	175
ツバメ	40
ツバメチドリ	163
ツミ	15
ツメナガセキレイ(キマユツメナガセキレイ)	42
ツメナガホオジロ	81
ツルシギ	152

[ト]
●トウゾクカモメ	168
トウネン	143
トビ	12
トラツグミ	55
トラフズク	27

[ナ]
ナキイスカ	87
ナベヅル	134

[ニ]
ニシコクマルガラス	94
ニュウナイスズメ	90

[ノ]
ノゴマ	51
ノスリ	16
●ノドグロツグミ	56
ノハラツグミ	59
ノビタキ	53

[ハ]
ハイイロガン	116
ハイイロチュウヒ	18
ハイイロヒレアシシギ	162
●ハイイロミズナギドリ	104
ハイタカ	15
ハギマシコ	85
ハクガン	118
ハクセキレイ	43
●ハシグロヒタキ	54
●ハシジロアビ	98
ハシビロガモ	126
ハシブトウミガラス	171
ハシブトガラ	71
ハシブトガラス	96
ハシボソガラス	95
ハシボソミズナギドリ	104
ハジロカイツブリ	99
ハジロクロハラアジサシ	170
ハジロコチドリ	139
●ハチクマ	17
ハチジョウツグミ	59
ハマシギ	146
ハマヒバリ	39

ハヤブサ	20	マミチャジナイ	57
ハリオアマツバメ	31	[ミ]	
●ハリモモチュウシャクシギ	158	ミコアイサ	132
バン	137	ミサゴ	14
[ヒ]		ミゾゴイ	108
ヒガラ	72	ミソサザイ	49
●ヒクイナ	137	ミツユビカモメ	168
ヒシクイ	117	ミミカイツブリ	100
ヒドリガモ	124	ミヤコドリ	138
ヒバリ	39	ミヤマガラス	95
ヒバリシギ	144	ミヤマホオジロ	79
ヒメウ	106	●ミユビゲラ（エゾミユビゲラ）	38
●ヒメクイナ	137	ミユビシギ	148
ヒメクビワカモメ	167	[ム]	
ヒメコウテンシ	38	ムギマキ	67
ヒメハジロ	132	ムクドリ	91
ヒメハマシギ	151	ムジセッカ	66
ヒヨドリ（エゾヒヨドリ）	45	ムナグロ	141
ヒレンジャク	48	[メ]	
ビロードキンクロ	130	メジロ	74
ビンズイ	44	メダイチドリ	140
[フ]		メボソムシクイ	64
フクロウ（エゾフクロウ）	30	[モ]	
フルマカモメ	103	モズ	46
ブッポウソウ	34	[ヤ]	
[ヘ]		ヤツガシラ	34
ベニバラウソ	88	ヤブサメ	60
ベニヒワ	84	ヤマガラ	72
ベニマシコ	87	ヤマゲラ	35
ヘラサギ	114	ヤマシギ	159
ヘラシギ	148	ヤマショウビン	32
[ホ]		ヤマセミ（エゾヤマセミ）	32
ホウロクシギ	158	ヤマヒバリ	49
ホオアカ	77	[ユ]	
ホオジロ	76	ユキホオジロ	82
ホオジロガモ	131	ユリカモメ	164
ホシガラス	94	[ヨ]	
ホシハジロ	127	ヨシガモ	123
ホシムクドリ	92	ヨシゴイ	108
●ホトトギス	24	ヨタカ	30
[マ]		[ル]	
マガモ	122	ルリガラ	70
マガン	116	ルリビタキ	52
マキノセンニュウ	62	[ワ]	
マダラウミスズメ	172	ワキアカツグミ	58
●マダラチュウヒ	18	ワシカモメ	165
マナヅル	135	ワシミミズク	26
マヒワ	84	ワタリガラス	96
マミジロ	55		
●マミジロキビタキ	66		

参考文献

清棲幸保著 　『日本鳥類検索』 　三省堂 　1948
内田清之助著 　『新編日本鳥類図説』 　創元社 　1949
小林桂助著 　『原色日本鳥類図鑑』 　保育社 　1956
日本鳥学会編 　『日本鳥類目録改訂第5版』 　学習研究社 　1974
清棲幸保著 　『日本鳥類大図鑑』 Ⅰ-Ⅲ 　講談社 　1978
黒田長禮著 　新版『鳥類原色大図説』 Ⅰ-Ⅲ 　講談社 　1980
高野伸二著 　日本野鳥の会編 　『野鳥識別ハンドブック』 　1980
中村登流著 　『野鳥検索小図鑑』 　講談社 　1984
環境庁編 　『日本の絶滅のおそれのある野生生物（レッドデータブック）背椎動物編』 　1991
Perrins, C.M. 監修 　山岸哲 日本語版監修 　『世界鳥類事典』 　同朋舎出版 　1996
Lloyd, G. and D. 　高野伸二訳 　Birds of Prey 　猛禽類 　主婦と生活社 　1973
Scott, P. *A Coloured Key to the Wildfowl of the World.* H.F. & G.Witherby LTD. London 1972
Viney, C. Phillipps, K. *A Colour Guide to Hong Kong Birds.* Hong Kong 1979
Robbins, C.S. et al. *A Guide to Field Identification ; Birds of North America.* Golden Press. New York 1966
Udvardy, M.D.F. *The Audubon Society Field Guide to North American Birds ; Western Region.* Alfred.A.Knopf. New York 1977
Bruun, B. *The Hamlyn Guide to Birds of Britain and Europe.* Hamlyn. London 1978
Fleming, R. L. et al. *Birds of Nepal with Reference to Kashmir and Sikkim.* National Audubon Society. New York 1979
Armstrong, R.H. *A New Expanded ; Guide to the Birds of Alaska.* Alaska Northwest publishing Company. Anchorage Alaska 1983
Flint, V.E. et al. *A Field Guide to Birds of the USSR.* Princeton University Press. Princeton 1984

写真協力 （50音順、敬称略）

次の多くの方々から貴重な写真の提供をいただきました。重ねて厚く御礼申し上げます。

有馬健二 　㈱アングルフォトライブラリー 　石橋孝継 　市川武彦 　大館和広
加藤直志 　黒滝善治 　小杉和樹 　小林宣広 　㈲時空工房 　志田博明 　渋谷信六
坪川正己 　羽田　収 　㈱フォトバンク 　疋田英子 　富士元寿彦 　宮川佳治
宮本和夫 　森　　浩 　山田良造 　吉田久夫

イラスト 　征矢秀一

著者略歴

鈴 木 昇 一 (すずき しょういち)

1929年北海道生まれ
旧制北海道庁立帯広中学校卒業
帯広畜産大学獣医科卒業
獣医師、高等学校教諭
長年北海道の野鳥の生態の観察と研究に専念し、
野鳥撮影者として生態記録写真の撮影に携わる。

北海道野鳥ハンドブック

平成12年5月11日発行　定価はカバー・表紙に明示してあります。
著　者　鈴木昇一
発行者　木戸一雄
発行所　ほおずき書籍株式会社
　　　　〒381-0012　長野市柳原2133-5
　　　　Tel 026 (244) 0235
　　　　URL http://www.hoozuki.co.jp/
　　　　E-mail hoozuki@hoozuki.co.jp
発売元　株式会社星雲社
　　　　〒112-0012　東京都文京区大塚3-21-10
　　　　Tel 03 (3947) 1021

落丁・乱丁本はお取り替えいたします。

ほおずき書籍　好評発売中！

■野の花を後世に
札幌の花
安原修次撮影・著
Ａ５判　本体2800円

藻岩山、手稲山、余市岳、無意根山など、花を求めて札幌市内を丹念に歩き撮影。北海道ならではの珍しい花や野生味あふれる花々を紹介した写真集。全206点オールカラー。心やすらぐエッセイを添えて。

旬の味覚 山菜料理
水野千代・横倉利江著　Ａ５判　本体1500円

近年人気の山菜採り。覚えておきたい郷土の味からオリジナル料理まで、山菜料理のベテランがコツを伝授。各山菜の特徴、採取の方法、その他の料理法も掲載。

基本編
山菜の処理　山菜の個性
アク抜き　代表的な山菜料理　ドレッシング　保存と漬物
料理編
基本から応用までのレシピ

山採りキノコのかんたん料理
小山昇平編著　Ａ５判　本体1500円

ご近所からキノコ狩りのおすそ分け、さてどうやって食べようかと迷った方も多いはず。本書はそれぞれのキノコに一番合った食べ方を紹介した、おいしさ満点の本。

・山キノコ60種・167品を収載。
・キノコの特徴・保存方法も掲載。
付／栽培キノコの料理
　　山採りキノコの懐石料理

野の花・山の花〈増補改訂〉
田中豊雄撮影・著　四六判　本体3800円

全国の山野に自生する花約1500種を、2600枚のカラー写真に収録。花の色別に分類し、携帯に便利。

●価格は税別